蜂产品与人类健康零距离丛书

蜂王浆
与人类健康
（第2版）

彭文君　丛书主编

田文礼　编　著

中国农业出版社

北　京

图书在版编目（CIP）数据

蜂王浆与人类健康/田文礼编著．—2版．—北京：
中国农业出版社，2018.6（2024.6重印）
（蜂产品与人类健康零距离/彭文君主编）
ISBN 978-7-109-22704-0

Ⅰ.①蜂…　Ⅱ.①田…　Ⅲ.①蜂乳－保健－基本知识
Ⅳ.①S896.3

中国版本图书馆 CIP 数据核字（2017）第 002949 号

中国农业出版社出版

地址：北京市朝阳区麦子店街 18 号楼
邮编：100125
丛书策划　刘博浩
责任编辑：王庆宁　张丽四　吕　睿
版式设计：杜　然　责任校对：吴丽婷
印刷：中农印务有限公司
版次：2018 年 6 月第 2 版
印次：2024 年 6 月北京第 12 次印刷
发行：新华书店北京发行所
开本：850mm×1168mm　1/32
印张：5
字数：120 千字
定价：25.00 元

序一　蜂产品——人类健康之友

蜜蜂产品作为纯天然的保健食品和广谱性祛病良药，经历了上千年的市场淘沙而越来越被深入地研究和珍视。在国外，蜂产品更被人们所珍爱。欧洲国家将蜂产品作为改善食品，美国将蜂产品定义为健康食品，日本更是蜂产品消费的"超级大国"，蜂产品被视作功能食品和嗜好性产品。我国饲养蜜蜂的历史有几千年了，早在东、西汉朝时期，蜂蜜、花粉、蜂幼虫等就被当作贡品或孝敬老人的珍品，古典医著《神农本草经》《本草纲目》等均对蜂产品给予了极高的评价，将其列为上品药加以珍视。

随着社会的发展、科技的进步以及人们生活水平的提高，食品安全、营养健康日益成为全社会所关注的焦点。根据世界卫生组织的数据显示，世界70％的人群处于非健康或亚健康状态，因此有经济学家预言21世纪最大的产业将是健康产业。目前市场上营养保健食品种类繁多，而真正经得起历史和市场考验的产品寥寥无几。蜂产品就是最佳的选择之一。

近年来，广大消费者对蜂产品越来越青睐，对蜂产品知识也有了一定的认知，但还存在不少盲区乃至误区。食用蜂产品需要从最基础的知识开始了解，包括产品的定义、成分、功效、食用方法，以及对应的症状等，还应掌握产品的真假辨别方法。《蜂产品与健康零距离》丛书就是在上述背景下，由长期从事蜂产品研发、生产、加工、销售等各方面工作的行业精英组织编写而成的。根据各自亲身实践，学习并广泛吸取中外成功经验和经典理论，对蜜蜂产品分门别类，从其来源、生产、成分、性质、保存、应用以及质量检验和安全等方面进行论述，比较全面、客观、真实地向公众展示蜂产品及其制品的保健和医疗价值，正确评价和甄别蜂产品质量的优劣与真伪。此丛书是一套科学严谨、简洁易懂、可读性强、实用性强的蜂产品科学消费知识的科普读物。

真心祝贺该书著者为我国蜂产品的应用所做出的贡献，希望为您的健康长寿带来福音。

中国农业科学院原院长
国务院扶贫办原主任　　吕飞杰

序　二

我是一名蜜蜂科学工作者，对蜜蜂及其产品情有独钟。回想大学时学习的养蜂学、蜂产品学等课程，主要介绍的都是基础理论，很少见到实用性、趣味性的章节。从事科研工作以来，一直期望在科普世界里，能出现一些介绍蜜蜂及其产品的书刊。2011年中国农业出版社生活文教出版分社启动了《蜂产品与人类健康零距离》的编撰工作，本人作为国家农业产业技术体系蜂产品加工岗位专家，能有幸组织全国长期从事蜂产品研究和养蜂一线的部分专家参与到此项工作中。试图在我们科研实践的基础上，用通俗易懂的语言，逐步揭示蜜蜂世界的奥秘，揭开蜂产品与人类健康的神秘面纱。

在漫长的人类发展史中，健康与长寿一直是人们向往和追求的美好愿望，远古时代的先人在长期生产生活和医疗实践中，有意识地尝试各种养生保健方式，其中形成了独特的蜜蜂文化和蜂产品养生方式。

蜂产品作为人类最有效的天然营养保健品，已有5 000多年的历史。古罗马、古希腊、古埃及以及中国古代上流社会都把蜂蜜作为珍品使用，并且在古代药方中经常能见到蜂产品的身影。古埃及的医生将蜂蜜和油脂混合，加上棉花纤维制成软膏，涂在伤口上以防腐烂；在《圣经》《古兰经》《犹太法典》中都有蜂王浆制成药物的记载；1 800年前，张仲景所著《伤寒论》中将蜂蜜用于治病方剂，并发现蜂蜜治疗便秘效果良好；我国明朝时期医药学家李时珍所著的《本草纲目》中对蜂蜜的功效做了深入的论述，推荐用蜂蜜治病的处方有20余种，称蜂蜜"生则性凉，故能清热；熟则性温，故能补中；甘而和平，故能解毒；……久服强志清身，不老延年"。我国医学、营养保健专家对长寿职业进行调查并排序，其中养蜂者居第一位，第2至第10位分别为现代农民、音乐工作者、书画家、演艺人员、医务人员、体育工作者、园艺工作者、考古学家、和尚。因此，在5 000多年的人类历史长河中，蜂产品为人类在保健养生方面做出了不少有益贡献。

　　我国是世界养蜂大国、蜂产品生产大国、蜂产品出口大国，也是蜂产品的消费大国。随着我国国民经济快速发展和人民生活水平不断提高，蜜蜂产品早已进入寻常百姓家，日益受到广大群众和社会各界人士的关注。越来越多的人开始认识蜂产品，使用蜂产品，并享受蜂产品带来的益处。数以万计的蜂产品使用者的实践证明，蜂产品能为人类提供较为全面的营养，对患者有一定辅疗作用，可改善亚健康人群的身体状况，提高人体免疫调节能力，抗疲劳、延缓衰老、延长寿命，是大自然赐予人类的天然营养保健佳品。

　　在编撰本书的过程中，我想说的倒不是蜂产品有多么神奇，如何有疗效，我想强调的是它的纯天然。不管是蜂蜜、花粉或是蜂王浆、蜂胶，它们无一例外都是蜜蜂采自天然植物，经过反复酿造而成的产品。正因为它的天然才让人吃得更放心。我从事蜂产品研究工作多年，知道它是好东西，所以愿意和您一同分享，让您做自己"最好的保健医生"。但愿营养全面、功效多样的蜜蜂产品，带给您健康长寿、青春永驻、幸福快乐！是为序。

彭文君

目　　录

第一章

带你认识蜂王浆

第一节　蜂王浆是什么

　　蜂王浆是哺育蜂头部的王浆腺（咽下腺和上颚腺）分泌出来专门饲喂蜂王和 3 日龄内蜂幼虫的一种乳白色、淡黄色或浅橙色浆状物质，略带香甜味，并有强酸涩、辛辣味道。蜂王浆不是蜂王（图 1-1）的产物，只因蜂王从幼虫期开始直到死亡的整个生命期均以其为食而得名。它类似哺乳动物的乳汁，因此又被称为蜂乳、王乳或蜂皇浆。蜂王浆是蜜蜂生命的精华，人们长寿的灵丹妙药，有着极强的保健功能和奇异医疗效用，为药食兼备型珍品。

图 1-1　蜂　王

第二节　蜂王浆从哪儿来

一、蜂王浆的来源

蜂王浆来源于青年工蜂头部的咽下腺和上颚腺分泌出来的混合物，这些分泌物大量堆积在自然王台（图1-2）中，工蜂用它饲喂蜂王和1～3日龄的工蜂幼虫、雄蜂幼虫。养蜂人从王台中将其取出，这就是我们所吃到的新鲜蜂王浆（图1-3）。

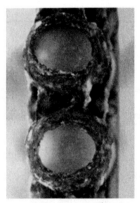

图1-2　王　台

图1-3　鲜蜂王浆

二、蜂王浆的生产原理

春季，蜂群经过一段时间的繁殖，当越冬老蜂被新蜂交替以后，蜂群群势就会迅速增长。这时，外界气温已升高且日趋稳定，蜂群内部就会出现一种现象，即由于新蜂大量出房使蜂巢内日渐拥挤，可供蜂王产卵的地方越来越少，致使许多哺育蜂无所事事。在这种情况下，工蜂们就会在巢脾下沿筑造王台基，逼迫蜂王往王台内产卵，当王台基内的卵孵化成小幼虫后，哺育蜂就往里面大量分泌王浆，欲将其培育成蜂王。这就是养蜂学上所说的蜂群产生了"分蜂热"。工蜂喂给工蜂幼虫的王浆量小，且时间短，色青而稀薄，而喂给蜂王幼虫的王浆量大，且一直供给。

根据蜜蜂这一生物学特性，在外界花蜜、花粉充足时，养蜂人为生产蜂王浆，将强群用隔王板分隔成蜂王产卵区和王浆生产区。养蜂人模拟自然王台制作人工王台基——蜡碗或塑料台基（条），安装在取浆框的台基条上，再往王台基内移入孵化 24 小时内的幼虫（即 1 日龄幼虫）。然后将取浆框插入预先组织好的产浆区内的两个子脾之间，同时通过管理使蜂群产生育王欲望，于是工蜂就不断分泌蜂王浆哺育幼虫。

三、蜂王浆生产器具

蜂王浆生产主要器具有采浆框（图 1-4）、塑料王台条（图 1-5）、移虫针（图 1-6）、取浆片、吸浆器、王台清理器、镊子、刀片、纱布、毛巾、盛浆器、巢脾盛托盘、浆框盛放箱等。蜂王浆生产和储存器具要直接或间接与蜂王浆接触，如果所用材质不好，或不注意其卫生，会直接影响蜂王浆的品质。

蜂王浆生产器具对材料有要求。蜂王浆生产用到的采浆框要选用无毒、无异味的优质木材制作；王台条应用无毒、无味塑料加工而成，制造王台条的塑料中不允许添加有毒有害添加剂；移虫针的舌片最好采用纯天然的牛角或羊角，也可用无毒塑料制成；采浆器具可用竹片或无毒橡胶制作，也可采用小型真空泵制作吸浆器，吸浆器的吸浆导管要用玻璃管，导气管要用无毒橡胶管，瓶塞要用无毒橡胶塑料或软木塞；夹虫镊子和割台壁的刀片及王台清理器应是不锈钢材料；浆框盛放箱、巢脾盛托盘均应选用无毒、无害，便于清洁的材料制作；盛浆器具可选用无毒塑料瓶或无毒塑料桶。

蜂王浆生产器具对卫生也有要求。蜂王浆生产移虫和采收前，提早对蜂王浆生产者的工作服及采收蜂王浆使用的器具进行清洗消毒。移虫前要换上清洁的工作服，洗净擦干巢脾承托盘和移虫针。对采浆器具，如镊子、取浆片、王台清理器、割台刀片、盛浆瓶等进行清洗，并用脱脂棉球蘸浓度为75％的酒精擦洗消毒。待酒精完全挥发后才能接触蜂王浆，以免造成蜂王浆中的蛋白质凝固变性。蜂王浆采收结束后，要对所有生产器具清洗，晾干后集中在洁净的器具中存放，下次取浆重复使用。

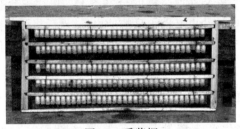

图1-4　采浆框

图1-5　塑料王台条

图1-6　移虫针

四、蜂王浆的采收工序

一年中蜂群首次开始生产蜂王浆，要经过安装台基、蜂群清扫台基、点浆、移虫、下框、补虫、提框、割台、捡虫、取浆、清台、王浆保存等工序。

1. 安装台基　蜂王浆生产开始前，选用王台基大小适宜的台基条，用铁丝捆绑或用胶粘到采浆框的台基板条上。

2. 清扫台基　开始生产蜂王浆前一天，将新组装好的采浆框插入生产群内，让工蜂清扫 24 小时左右。

3. 点浆　新台基经过工蜂清扫后，临移虫时用洁净毛笔往其底部点少许新鲜蜂王浆，以提高蜂群对移入幼虫的接受率。

4. 移虫　在供虫群中，取出事先准备好的幼虫脾，抖去脾上的蜜蜂，用盛托盘盛托幼虫脾，用移虫针把 12～36 小时的幼虫从巢脾的蜂房中移出，轻轻放在台基底部的中央，每个王台基 1 只幼虫。移虫时，注意移虫针要从幼虫弓起的背部方向沿巢房壁插入王浆中，将幼虫带出。移虫针舌片不要直接接触幼虫，以防止擦伤幼虫。

5. 下框　移好虫的采浆框暂时放在浆框盛放箱中，用洁净的湿毛巾或纱布覆盖，及时运到蜂场，插到生产群中预留的浆框插放位置。

6. 补虫　将采浆框插入蜂群后，过 3～5 小时，对无幼虫的台基补移一次虫龄与原来幼虫虫龄相近或稍大些的幼虫。补移时，如未被接受的王台不多，不必将采浆框上的蜜蜂抖掉，只需倒置采浆框，倾斜一定角度，直接将幼虫移入空台基中即可。

7. 提框　移虫后 3 天，将采浆框从蜂群中提出，轻轻抖落框上的蜜蜂，然后用蜂刷把框上余下的蜜蜂扫落到原巢箱门口，把采浆框放置在浆框盛放箱中，及时运回取浆室。

8. 割台 用洁净的锋利削刀，将台基加高部分的蜡壁割去。割台时，要使台口平整，不要将幼虫割破。割台前，禁止在台壁上喷水，以防止过多的水分进入蜂王浆中。

9. 捡虫 用清洗消毒待用的镊子将王台基中的幼虫一一捡出。如果不慎割破或夹破幼虫，要把王台内的带幼虫体液的王浆挖出另存，不可混入商品王浆中。

10. 取浆 用洁净的取浆器具，如刮浆片、刮浆板、吸浆器等取浆，尽可能将王台内的王浆取净。取出的王浆暂存于盛浆瓶中。

11. 清台 被接受的台基可继续移虫，未被接受的塑料台基内往往有赘蜡，要用清理王台的专用工具将台基清理干净后，再移入适龄幼虫，投入下一轮取浆生产。

五、蜂王浆优质高产的技术措施

要想生产出优质高产的蜂王浆，需要一定的技术措施，包括生态环境良好、蜂场环境清洁卫生、优质高产种蜂王的使用、强壮健康的蜂群、利用主要蜜源大流蜜期生产蜂王浆、保持生产群的饲料充足、严格掌握移虫日龄、根据蜂群群势确定使用王台数量及蜂王浆生产人员的个人卫生等，都是保证蜂王浆品质和产量的重要环节。

1. 生态环境良好 蜂场周围3千米内要有丰富的、正常开花的蜜粉源植物，以保证蜂群有良好的营养条件。有良好的水源，供蜜蜂采集。放蜂场地应选择地势高、冬天向阳背风、夏天通风阴凉、排水良好、小气候适宜的环境，远离铁路、公路和大型公共场所。蜂场周边无污染源，空气清新。蜂场间距1千米以上，蜂场周围3千米内不应有以蜜、糖为生产原料的食品厂、远离化工区、矿区、农药厂库、垃圾处理场及经常喷施农药的果园和菜地。

2. 蜂场环境清洁卫生 保持蜂场清洁卫生。在蜜蜂传染病发病期间，及时隔离患病蜂群，清理蜂尸、杂物，将清扫物深埋或焚烧，并在蜂场地面撒生石灰消毒。疑似病群也应进行隔离观察，远离健康蜂群，确认无病后方可回场参加蜂王浆生产。隔离的患病蜂群不应参加蜂王浆生产。带病菌的蜂产品、蜂具等不应带回健康蜂场。蜂场的生产区和生活区要分开，并保持清洁。

3. 蜂王浆生产的场地环境要求 定地蜂王浆生产的场地环境要求：要有单独的蜂王浆生产工作间，工作间中要有工作台和紫外灯等消毒设备，每次蜂王浆生产前，应对工作间进行消毒。转地蜂王浆生产的场地环境要求：帐篷中应将生产区和生活区隔离，生产区中要有工作台和紫外灯等消毒设备，每次蜂王浆生产前，应对工作区进行消毒。

4. 采用蜂王浆优质高产蜂种 生产蜂王浆蜂群的品种不同，其生产性能及所生产出的蜂王浆质量也有所不同。我国近年来筛选的"浆蜂"品系，大大提高了我国蜂王浆的产量，但同时，部分王浆生产区由于全面推广该品系，使所生产的蜂王浆中的 10-HDA 的含量呈逐年下降趋势，也成为不争的事实。

以生产蜂王浆为主的蜂场，在引种时要从育种单位引进蜂王浆优质高产种蜂王，培育生产用王。如系杂交王，只能使用一代。如系高产低 10-HDA "浆蜂"纯系种王，生产王应是与本地其他品系蜂王的杂交王。不要连续两代以上使用同一种王培育生产用王。

5. 生产蜂群的组织 原群组织法：在组织产浆群前，用隔王板将蜂群隔成繁殖区和生产区。生产区内放 1～2 张蜜粉脾、2 张幼虫脾，其余为封盖子脾，采浆框插在 2 张幼虫脾之间。繁殖区放空脾、即将或开始出房的蛹脾、蜜粉脾，使生产群蜂多于脾。多群拼组法：如外界气候、蜜源条件良好，而蜂群群势尚不足，可采用多群拼组法，提前生产蜂王浆。即于蜂王浆生产前 1 周，将数群非生产群中的正在出房的老熟子脾及刚出房的幼蜂提入预定的生产群。1 周后，生产蜂群群势达 8 框以上。在巢、继箱之间加隔王板，使继箱为无王生产区。巢脾摆放同原群组织法。

6. 生产蜂群的管理　刚开始蜂王浆生产，台基数量要适当，做到量蜂定台。根据我们的研究发现，同样群势的蜂群，生产王浆时，所用王台数越多，所生产的蜂王浆中的 10-HDA 含量越低。在王浆生产中，应掌握单台平均浆量在 250 毫克以上。蜂数密集，蜂多于脾。炎热季节，注意给蜂群遮阳或将蜂群放在树荫下，扩大巢门，打开箱底纱窗。高温干旱时，要在每天 10：00 和 14：00，用湿的覆布或毛巾盖在铁纱副盖上，或在巢内加饲喂器喂水，便于蜜蜂吸水降温和保持巢内湿度。

检查调整群势：每隔 5～7 天检查调整一次蜂群，保证繁殖区有充足的蜂王产卵空间。检查调整时，将繁殖区的新封盖子脾和大幼虫脾调到生产区，将生产区内的正在出房子脾和空脾调到繁殖区。检查时，注意清除自然王台，以免影响王台接受率和蜂群发生自然分蜂。流蜜期可不进行上下调整。

7. 用健康的强群生产蜂王浆　生产蜂群要健康，群势达 8 框蜂以上，有大量的青壮年工蜂。外界气温达 15℃ 以上。无传染性疾病。对生产蜂群要加强饲养管理，保持群内蜜蜂适当密集。蜂机具注意卫生消毒，防止蜜蜂疾病的发生。蜂王浆生产蜂群不应使用未经国家批准的药物，在蜂王浆开始生产前 6 周，停止使用蜂药。尤其禁止使用抗生素、杀虫脒等药。生产群要保持强壮，群内要始终保持有一定数量的 8～20 日龄哺育蜂。

8. 利用大流蜜期生产蜂王浆　外界蜜源大流蜜时，外勤蜂采进的大量新鲜花粉和蜂蜜，刺激哺育蜂王浆腺活性，充足的营养使哺育蜂泌浆能力提高，所分泌的王浆量大、质优。蜂王浆生产蜂场，要抓住这一有利时机积极生产蜂王浆。

9. 保持生产群有充足的饲料　蜂群内如果饲料不足，工蜂就会动用体内的营养储备，使工蜂寿命缩短，且工蜂分泌的蜂王浆质量较差。蜂王浆生产群要经常保持 4 千克以上的蜜和 1 框以上的花粉脾，达不到该量时，应及时补喂，不应使用被蜜蜂病原体和抗生素污染、含有药物残留的饲料喂蜂。缺蜜时，用 50％ 的糖浆或 1∶1.5 的蜂蜜水饲喂蜂群，饲喂宜在取浆的前一天和当天傍晚进行，这样不但可防止饲喂不当发生盗蜂，又能刺激蜂群提高移虫接受率，增加蜂王浆产量。

10. 严格掌握移虫日龄　自然王台中，自卵孵化后，96 小时虫龄时，王台中积聚的王浆最多，质量最好。因此，取浆周期为 3 天时，生产王浆所用的幼虫虫龄最好为 1 日龄幼虫。应严格控制幼虫日龄在 12～36 小时，这样生产出的王浆，才能量大、质量好。

11. 生产器具和人员的卫生要求　生产器具在取浆前后要清洗，并用浓度为 75％ 的酒精消毒。从事生产的养蜂人员要求身体健康，无传染病，每年应进行一次体检，具有良好的个人卫生意识。蜂王浆生产人员要求穿戴洁净的工作服、工作帽和口罩。

第三节　蜂王浆的历史记载

一、古今中外对蜂王浆的记载

我国对蜂王浆的认识和应用的历史久远。晋代葛洪撰写的《神仙传》中，就有关于蜂王浆能够使人精力充沛、延长生命的记载。湖南长沙马王堆汉墓中出土的竹简上也提到蜂王浆是强身延年之珍宝。在云南少数民族居住区早就有"蜂宝能治百病"的说法，这里所说的"蜂宝"就是蜂王浆。葛凤晨等在《长白山东方蜜蜂产品分类名称演考》中介绍，长白山人所采收的蜂蜜中有一种产品被称为"蜜尖"，就是含不同日龄蜂王浆的王台及连在一起的巢脾。17世纪时，它被视为珍稀的"蜜"类，人们把它从蜂巢中割取下来，作为贡品装进匣中送到皇宫，当时被列为皇帝御用的长白山"贡蜜"珍品。以上说明蜂王浆于17世纪前就已经被开发利用，比引进的西方蜜蜂所生产的蜂王浆早300多年。

国外，在俄国亚历山大大帝的历史记录和意大利马可波罗的游记里，都有王浆作用的描述，在《圣经》《古兰经》和《犹太法典》里也有相关记载。在德国、澳大利亚、英国、古埃及等国历史上也都有民间应用蜂王浆防治疾病的传说。但直至1921年，关于蜂王浆的奥秘才被逐渐揭开。德国科学家D·J·Lang发现，王浆是由5～15天日龄的工蜂头部王浆腺分泌出来的一种物质。但对蜂王浆的生物学、化学、药理和临床试验等全面研究，还是近几十年的事。早在19世纪末，人们就开始探讨蜂王浆的一般化学成分，20世纪初发表的相应研究报告日趋增多。首次报道是美国著名的养蜂杂志《Gleaning in Bee Culture》上发表的文章，文章指出蜂王浆中含有非常丰富的B族维生素。此后不久，威斯康星州的养蜂学教授M·Aeppler对蜂王浆的成分进行了全面分析，为以后蜂王浆的精细定量分析打下了基础。

二、蜂王浆曾一时轰动世界

蜂王浆具有明显的药理效应，很早受到广泛注意和认可，轰动世界则是20世纪50年代的事情。特别是1954年，82岁高龄的罗马教皇皮奥十二世卧床不起，生命垂危，他的主治医生加利亚基里西利用蜂王浆治疗（服食）后，将他从哮喘恶化、极度瘦弱和衰竭的状态中解救出来，奇迹般地转危为安，并以惊人的速度恢复了健康。第二年，教皇的主治医生在罗马举行的一次国际学术会议——国际理论生物进化会议上公开了这一情况，引起了与会代表的极大关注。1956 年，死里逃生的教皇亲自参加了在维也纳举行的第 16 届国际养蜂会议，介绍了自己服用蜂王浆、恢复健康的亲身体验。这样，蜂王浆就受到渴望健康的世界人们的热切关注。在这次会议上，希腊、英国和意大利的代表还宣读了他们对蜂王浆的研究应用报告，更加引起许多国家的重视。与此同时，苏联公众卫生局也公布调查报告：苏联百岁的长寿者们，多数是养蜂家，常服蜂王浆。日本医学博士森下敬一曾多次调查高加索地区的格鲁吉亚、亚美尼亚、阿塞拜疆的长寿村，访问过基辅、第比利斯的长寿学研究所，并和专家们交换了意见，他了解到：作为预防衰老的药用食物，蜂王浆在当时是非常受到人们认可的。

1958 年，法国 B·戴拜尔福伍的《蜂王浆》专著问世，介绍了经临床试用证明，蜂王浆对神经衰弱、体虚、老年病、发育异常都具有疗效。在日本，据井上丹治介绍，自 1959 年日本开始从欧美引进蜂王浆制剂，当时制药会社对蜂王浆很重视，运用广播、电视等进行广泛宣传，仅仅一年时间蜂王浆就得到普及。同时，一些原因不明的疑难病，医生用蜂王浆却能把它医好，于是蜂王浆声名远扬，成为市场上炙手可热的保健品，人们对蜂王浆的需要迅速增加。制药会社把蜂王浆作为药物出售，兴旺时一年的使用量实际上也未超过 30 吨，到 20 世纪 80 年代初，实际上一年总的使用量就达到 150 吨，1986 年达到 206 吨，1989 年达到 277 吨，1992 年以后在 400 吨以上。

日本自产蜂王浆非常少，基本上不生产蜂王浆，不能满足国内消费需要，主要从我国进口。据日本保健食品流通新闻所发布的"2000 年保健食品排行榜"介绍，蜂王浆在日本的年销售额为 400 亿日元，名列保健食品第 3 位，仅次于维生素 C（年销售额 480 亿日元）和补钙制品（年销售额 420 亿日元）。日本人食用蜂王浆的历史已有 50 年之久，蜂王浆给日本人民带来健康长寿。2003 年日本男性平均寿命 78.3 岁，全球排名第二；女性平均寿命85.3岁，连续第19年位居世界之首。上亿日本人为何能健康长寿？除重视体育锻炼和合理膳食外，主要是食用蜂王浆的保健意识非常强。正如玉川大学教授所说："30多年来，日本人的身高增加了，寿命延长了，很受益于蜂王浆。"日本学者松田正义评价蜂王浆的效果时说："人们誉蜂王浆为自有青霉素以来的宝药。"青霉素使人类减少了死亡，蜂王浆给人类带来了健康长寿。除日本之外，美国和澳大利亚的蜂王浆消费水平也在不断提高，我国蜂王浆出口市场也在不断扩大。

三、我国对蜂王浆的研究

我国是世界上最大的蜂王浆生产国，对蜂王浆的研究起步于20世纪50年代。1956年10月，匈牙利养蜂专家波尔霞博士访问我国时提到："国际上已利用蜂王浆作为高级营养制剂，在医药上有极高的应用价值，能使衰弱垂危的病人恢复健康，不孕妇女生育，治疗妇女停经期易发生的歇斯底里症等。蜂王浆的经济价值很高，国际市场每千克价格可达4 000～8 000美元。"这一情况的透露，引起我国广大养蜂者的极大关注。1957年，陈剑星试行生产蜂王浆，观察其医疗保健功效，整理观察结果，并节录《美国蜜蜂杂志》《澳大利亚养蜂杂志》所发表的法国和意大利医学界人士以及德国医师史密特等所做的临床试验结果，撰写《王浆的医疗作用》，公开发表于《中国养蜂》杂志上（1958年第8期）。同年，北京市公私合营养蜂场黄子固等也开始了试产、利用蜂王浆。因此，我国开始利用蜂王浆，应归功于波尔霞博士的启发和陈剑星、黄子固等的率先实践。

为了进一步开展蜂王浆的研究，1959年4月，中国农业科学院养蜂研究所同北京3个有关单位建立协作关系，即养蜂所负责蜂王浆生产的研究，中国科学院昆虫研究所负责蜂王浆保存、成分分析研究，北京医学院和解放军医学科学院负责蜂王浆药理及临床疗效研究。北京养蜂所的周崧、连云港蜜蜂医疗室的房柱，上海精神病院、中山医院、华东师范大学以及北京医学院药理教研室等单位都相继对蜂王浆的药理特性、临床疗效以及化学组成开展了多方面的研究。

第四节　蜂王浆的分类

　　我国蜂王浆主要以生产时开花的主要蜜源植物、蜂种、王浆采集季节等依据进行分类。蜂王浆中的特征成分 10-羟基-2-癸烯酸（10-HDA）在不同植物类型、不同季节和不同蜂种生产的蜂王浆中，含量变化范围在 1.4%～2.5%，且王浆的色泽与之相关。

　　譬如，在蜂王浆分类上，人们习惯以哪种蜜源植物花期生产的王浆就称为什么王浆。在油菜花期采集的蜂王浆叫油菜浆，在洋槐花期采集的蜂王浆称洋槐浆，同理还有椴树浆、葵花浆、荆条浆、紫云英浆、杂花浆等。

　　根据产浆蜂种不同，又可以把蜂王浆分成中蜂浆和意蜂浆，前者来自中华蜜蜂，后者来自意大利蜂，与意蜂浆相比，中蜂浆呈淡黄色，浆体更加黏稠，10-HDA 含量略低，产量也远远低于意蜂浆。本书述及的蜂王浆如无特殊说明，均指新鲜意蜂浆。

　　此外，还可以按蜂王浆采集季节分为春浆和秋浆。一般在 5 月中旬以前生产的王浆，归为春浆；5 月中旬以后生产的王浆，归为秋浆。春浆乳黄色，是一年中质量最好的王浆，尤其是第一次生产的王浆质量最为上乘，王浆酸含量高。秋浆颜色略浅，含水率比春浆稍低，辛辣味较浓，但质量比春浆稍差。

　　根据国际标准化组织（ISO）官网上发布的《蜂王浆》国际标准（ISO12824：2016 Royal jelly-Specifications），蜂王浆分为两个类型：类型 1：只食用蜜蜂的天然食物（花粉、花蜜和蜂蜜）生产的蜂王浆；类型 2：食用蜜蜂天然食物和其他营养物质（蛋白质，碳水化合物等）生产的蜂王浆。

第五节　蜂王浆的成分和理化性质

一、蜂王浆的化学成分

从 1952 年首次对蜂王浆的化学组成进行分析以来，人们发现蜂王浆是一种十分复杂的天然产品，它含有生物生长发育所需要的全部营养成分。新鲜蜂王浆含有 62.5%～70% 的水分，11%～14.5% 的蛋白质，8.3%～15% 的糖类，6% 的脂肪酸，0.82%～1.5% 的微量元素。此外还有一定量的未知物质。蜂王浆中含有人体必需的各种氨基酸和丰富的维生素，以及无机盐、有机盐、酶、激素等多种生物活性物质。

1. 蛋白质　蛋白质是生命的起源。蜂王浆中的蛋白质含量相当高（占干物质含量的 36%～55%），其中 2/3 是清蛋白，1/3 是球蛋白，其含量与人血液中的清蛋白、球蛋白比例相同。王浆中的球蛋白是一种 γ 球蛋白的混合物，具有延缓衰老、抗菌、抗病毒的作用。王浆中的蛋白质含有多种高活性蛋白类物质，这些蛋白类活性成分可分为三类：类胰岛素肽类、活性多肽和 γ 球蛋白。胰岛素类对人体有降血糖的作用，因此对糖尿病有明显的疗效。

2. 氨基酸　蜂王浆中的氨基酸无论是从含量还是从种类而言，都是令人注目的一大类有较高活性作用的成分。据日本学者松香光夫测定，蜂王浆中的游离氨基酸含量占王浆干物质的 0.8%，包括赖氨酸、组氨酸、精氨酸、天门冬氨酸、苏氨酸、丝氨酸、谷氨酸、脯氨酸、甘氨酸、丙氨酸、缬氨酸、亮氨酸、异亮氨酸、酪氨酸、苯丙氨酸、胱氨酸等，其中脯氨酸含量最高，占总氨基酸的 60％以上，其次为赖氨酸，占 20％，精氨酸、组氨酸、酪氨酸、丝氨酸、胱氨酸含量也较高。

3. 维生素　蜂王浆中含有丰富的维生素，以 B 族维生素最多。其中包括维生素 B_1、维生素 B_2、维生素 B_6、烟酸、泛酸、叶酸、生物素等。蜂王浆中乙酰胆碱的含量也相当高，每 100 克蜂王浆中含 95.8 毫克，从而对提高蜂王浆的使用价值产生了重要作用。蜂王浆与牛奶的维生素含量和种类有较大的差别。据日本松香光夫分析的结果，蜂王浆中的维生素不仅种类比牛奶多，而且含量高出数十倍。

4. 有机酸　蜂王浆含有多种有机酸，从而使蜂王浆呈现酸性，这样的酸性环境使蜂王浆中的活性物质保持稳定，同时对细菌起到一定的抑制作用。蜂王浆中的有机酸主要以脂肪酸的形式存在，有 26 种以上，如壬酸、癸酸、十一烷酸、十二烷酸、十三烷酸、十六烷酸、十八烷酸、亚油酸等。

在自然界中，蜂王浆中还存在一种特有的不饱和脂肪酸：10-羟基-2-癸烯酸（10-HDA），因为它只在蜂王浆中存在，因此又称王浆酸。10-HDA 是蜂王浆的代表物质之一，其含量占总脂肪酸的一半以上，是蜂王浆中含量最高的脂肪酸，在鲜王浆中的含量为 1.4％～2.5％。10-HDA 有提高人体免疫力、抗辐射的作用，有抑制和杀伤癌细胞、延长患癌动物生命的作用，还有抗菌消炎、抗病毒的作用。王浆酸的存在大大提高了蜂王浆的保健作用。

5. 激素　蜂王浆中含有调节生理机能和物质代谢、激活和抑制肌体、引起某些器官生理变化的激素，从而使蜂王浆应用于治疗风湿病、神经官能症、更年期综合征、性机能失调、不孕症等，并产生重要作用。蜂王浆中所含激素主要有性激素、促性腺激素、肾上腺皮质类固醇、肾上腺素等，还有含类胰岛素的激素，此类物质有降低血糖的作用。

值得一提的是，许多人常常因为蜂王浆中所含有的上述激素而喜忧参半，其实大可不必。因为蜂王浆本身是一种天然产品，它既是蜜蜂代谢的产物，又是其哺育后代的生活必需品，所以，它所含的各种成分对生物本身而言都是必不可少的，它不会对机体产生任何不良影响。

6. 酶类 蜂王浆中含有丰富的酶类，其中主要的有异胆碱酯酶、抗坏血酸氧化酶、酸性磷酸酶，此外还有脂肪酶、淀粉酶、转氨酶、超氧化物歧化酶（SOD）等重要酶类。这些酶类对人体有着极其重要的生理功能。特别是蜂王浆中含有大量的 SOD，据测定，每克鲜王浆中的 SOD 含量为 50～90NU（"NU"为亚硝酸单位）。SOD 为超氧阴离子自由基的天然清除剂，在机体氧化与抗氧化过程中起着至关重要的平衡作用。SOD 能延长细胞寿命，增强细胞活力，具有抗病抗衰老的作用。

7. 磷酸化合物 每 1 克蜂王浆中含有磷酸化合物 2～7 毫克，其主要组成成分是能量代谢不可缺少的 ATP（三磷酸腺苷）。ATP 是能量的源泉，举重运动员服用蜂王浆之后能大大提高成绩，主要是它的功劳。ATP 对加强调解肌体代谢，提高身体素质，防治动脉硬化、心绞痛、心肌梗死、肝脏病、胃下垂等病症有较好的疗效和较强的补益。

8. 无机盐 也称矿物质或灰分。蜂王浆中含有无机盐的种类相当多，每 100 克蜂王浆干物质中含有 0.9 克以上，有的高达 3 克。其中钾 650 毫克、钠 130 毫克、镁 85 毫克、铜 2 毫克、铁 7 毫克、锌 6 毫克，还有锰、钴、镍、硅、铬、金、砷等。这些无机盐中，有些是人体代谢过程中所必需的微量元素，如果人体缺乏会影响新陈代谢的正常进行。

9. 糖类 蜂王浆干物质中含有 20%～39% 的糖类，其中主要有葡萄糖，占含糖总量的 45%，果糖占 52%，麦芽糖占 1%，龙胆二糖占 1%，蔗糖占 1%。

10. 其他成分 人们通过对蜂王浆的分析，将已知的成分按天然蜂王浆的比例配制后饲喂工蜂幼虫，但不能使工蜂幼虫发育成蜂王。这说明蜂王浆中还存在一些未知成分，这些未知成分被称为"R"物质，含量达 2.84％～3％。

二、蜂王浆的理化性质

新鲜蜂王浆一般呈乳白色或淡黄色。蜂王浆颜色的深浅，主要取决于蜜粉源。产浆期蜜粉源植物的花粉色重，如荞麦、桉树、山花椒等在蜜粉源期间所产蜂王浆就呈微红色，而油菜、紫云英、刺槐、枣树、荆条、椴树等在蜜粉源期间所生产的蜂王浆颜色呈乳白或淡黄色。移虫后取浆时间较长，或存放方法不当引起变质及掺假的蜂王浆颜色变深，反之则淡。生产蜂王浆的工蜂年龄的增长，保存蜂王浆时间的延长，以及取浆和加工时与空气接触时间的增加，也可使蜂王浆颜色加深。新鲜蜂王浆呈乳浆状，为半流体，有光泽，手感细腻、微黏，具有独特的气味，微香甜，较酸、涩，有股辛辣味。蜂王浆不溶于氯仿；部分溶解于水，其余可与水形成悬浊液；部分溶解于乙醇，产生白色沉淀，放置一段时间后分层；在浓盐酸或氢氧化钠中全部溶解。这就是蜂王浆的物理性状（图1-7）。

蜂王浆的密度略大于水，但低于蜂蜜，pH 3.5～4.5。蜂王浆对热敏感，在常温下放置 1 天，蜂王浆的新鲜度明显下降；在常温下放置15～30 天，颜色变成黄褐色，而且发出强烈的恶臭味，并产生气泡，所含蛋白质全部被破坏；在高温时，于130℃左右就失效。而在冷冻时则稳定，在0～5℃储存10 个月以后，不引起色、香、味等发生任何变化，对质量不会有影响；在－2℃的冰箱中可保存一年，－18℃可保持几年。鲜蜂王浆有很强的吸氧能力，但在－18℃时不吸氧。说明鲜蜂王浆中含有生物活性物质，不适于加热处理。

蜂王浆是极不稳定的天然产物。空气对蜂王浆能起氧化作用，水蒸气对其则起水解作用，因此应尽量将蜂王浆与空气和水蒸气隔绝。此外，光对蜂王浆犹如催化剂的作用，对其醛、酮基团可起还原作用，故储藏蜂王浆应避光。保存容器应为中性和不溶性，也不能含有铅和砷。蜂王浆内有双折射特性物质存在，而且相当稳定。将蜂王浆置于偏振光显微镜下，可观察到淡黄色、蓝绿色、红色、绿色、蓝紫色的五彩烧釉状鲜艳色调。这种现象在其他蜂产品中都不存在，并且无论是冷藏蜂王浆、暴露在空气中的蜂王浆，还是加热过的蜂王浆，均能见到双折射现象。

图 1-7　蜂王浆的物理性状

第六节　蜂王浆的产量

一、世界蜂王浆产量看中国

我国是养蜂古国，又是现代养蜂大国。从公元前16世纪至公元前11世纪殷商甲骨文中有"蜜"算起，我国的蜂业已有3 000多年的历史，在漫长的岁月里，我国各族人民的祖先经过不断地探索，从以原始方式猎取野生蜜蜂巢穴获得蜂产品开始，发展到粗放的人工饲养蜜蜂，逐渐形成了中华蜜蜂的传统养殖特点。直到近代引进西方蜜蜂和活框养蜂技术后，中国蜂业才进入一个新的发展阶段。1949 年以后，养蜂业作为农村的一项副业得到各级政府的重视和鼓励，从此我国的养蜂业步入稳步发展的时期，蜂群数量逐年增加，蜂产品产量逐年提高。1956 年全国养蜂 135 万群；1957 年达 150 万群；1959 年超过 200 万群；1972 年达到 400 万群，目前我国蜂群数量已超过 901 万群，占世界蜂群总量的 1/9，蜂王浆的产量和出口量均居世界第一。

20 世纪 80 年代以来，我国蜂业进入崭新的发展阶段，呈现一派欣欣向荣的景象。各级政府和有关部门采取一系列有力措施，加强对蜂业的扶持和宏观管理。例如，国家计划委员会，国务院扶贫办公室，农业、商业、经贸、卫生、轻工等有关部（委办）拨款或贷款，支持有关单位开展联合攻关技术推广，办蜂业教育，建立种蜂场、蜂产品质量监督检验中心、蜂业公司、蜂产品生产和加工出口基地等，为蜂业发展提供资金、技术和物资等保证；同时使蜂业的生产、经营体制也发生了根本的变化，蜂农承包蜂场形式基本上取代国营、集体所有制蜂场；由商业部门统购统销的蜂产品也改为多渠道议购议销，生产经营体制的改变调动了广大生产者、经营者的积极性，增强了竞争机制，促进蜂业产、供、销一体化的形成，解决了制约蜂业发展的产、销严重脱节的弊端。与此同时，在各级政府及广大专业科研工作者和养蜂生产者的共同努力下，我国蜂业科技硕果累累，许多科技成果在生产中迅速转化为生产力，工作者们相继研发了数百种深加工产品，在这些新产品投产的过程中，相应地诞生了一批蜂产品加工企业。

二、我国蜂王浆的产量

蜂王浆的产值在我国养蜂业中占有重要的地位，自从 20

世纪50年代匈牙利养蜂专家波尔霞博士把蜂王浆生产及应用技术信息传入我国，经过几代蜂业科技工作者和广大蜂农的辛勤耕耘，我国成为世界第一蜂王浆生产大国。

纵观我国蜂王浆产量形势，20世纪六七十年代蜂王浆产量低，每群蜂年产蜂王浆0.2千克左右，不能满足内外销市场需求，刺激了生产发展；八九十年代，单产提高到3千克/群以上，以后逐年提高至年产6~8千克/群。目前，每群蜜蜂年产蜂王浆10千克以上的现象已很普遍。随着我国蜂王浆生产技术不断提高，蜂王浆产量也稳步上升。1979年我国蜂王浆产量为150吨，此后基本保持迅猛增长的势头，1982年增加到400吨，1990年为1 000吨，2000年王浆总产量已突破2 000吨，2013—2016年蜂王浆总产量在3 000吨左右。蜂王浆产地分布全国各地，主要有湖南、湖北、广东、广西、河南、河北、四川、甘肃、青海、山东、黑龙江、吉林和辽宁等省。2015年我国鲜蜂王浆出口713.8吨，蜂王浆冻干粉出口239.8吨，蜂王浆出口量占世界蜂王浆贸易总量的90%。

影响蜂王浆产量的因素很多，主要的有蜜蜂品种、蜂群群势、蜜粉源条件及生产管理技术等。不同品种的蜜蜂，泌浆能力有差异，一般说西方蜜蜂的泌浆能力比东方蜜蜂强，一个西方蜜蜂的强群（10~15框足蜂）可年产蜂王浆500~1 000克，而一个东方蜜蜂的强群（8~10框足蜂）一年就只能生产100克左右蜂王浆，而且生产的难度较大；在西方蜜蜂中，以繁殖能力强的意大利蜂的产浆量最高。20世纪80年代以来，我国浙江省培育出了产浆能力强的"浆蜂"，其群年产蜂王浆的量可高达5 000克以上。外界蜜粉源条件之所以影响蜂王浆的产量，是因为哺育蜂的咽下腺和上颚腺的发育需要蛋白质，而蜂花粉是蜜蜂饲料中蛋白质的主要（或者说是唯一的）来源，缺乏蛋白质——蜂花粉，哺育蜂的咽下腺和上颚腺发育不好，其泌浆能力就差。蜂群的群势强，就是指蜂群中蜜蜂的数量多，在这种情况下，哺育蜂的数量也相应地多，整个蜂群的产浆能力就比弱的蜂群强。另外，管理技术水平对蜂王浆的产量有着极大的影响，这是因为生产蜂王浆是一门技术性很强的工作，它要求对蜂群做专门的组织和处理，以便在整个生产季节能保持生产群内有足够数量的哺育蜂，要做到这一点，就要求养蜂员具有较高的组织和管理蜂群的技术。一个优秀的养蜂员一年的蜂王浆生产量可比初出茅庐者高好几倍。

第七节　蜂王浆的质量标准

经过长期的研究和生产实践，人们发现蜂王浆的感官性状（如色泽、滋味等），理化特性（如 10-羟基-2-癸烯酸、水分、蛋白质的含量）等质量指标会随着蜂群的强弱，生产季节，生产方法，营养条件等不同而有一定程度的变异。例如同一群蜂，在春季油菜花期生产的蜂王浆，色泽浅，10-HDA 的含量高；而在夏、秋季，特别是在向日葵开花期生产的蜂王浆的颜色就深一些，10-HDA 含量相对就低一点，所以在市场上有"春浆"和"秋浆"之分。另外，蜂群中适龄哺育蜂多时，生产出的蜂王浆的质量就会好一些，这是蜂群本身的因素对蜂王浆质量的影响。又如，有充足的蜜粉源，在晴朗舒适的天气时，所生产出的蜂王浆的质量就高；而缺乏蜜粉源，或在阴雨、大风天时，所生产出来的蜂王浆质量就差。在各种条件相同的情况下，适当补充喂饲高蛋白质、维生素和矿物元素含量齐全的饲料，就能生产出高质量的蜂王浆。另外，由于生产管理和储存、运输条件的不同，也会使蜂王浆的质量受到影响。因为蜂王浆是一种营养成分齐全的高级营养品，并具有丰富的调节生理功能的生物活性物质，它对光、热、湿度等外界条件较为敏感，并易受各种微生物的污染而使质量发生变化，甚至导致腐败变质。

因此，在生产厂家收购蜂王浆时，对蜂王浆的质量有一定的要求，在商品市场上，经销商和广大的消费者对蜂王浆及其制品也有相应的质量要求。随着世界经济的发展和人们健康意识的不断加强，自20世纪70年代以来，西方国家的人民普遍对天然食品的需求量逐年增加，同样，蜂王浆的市场销售量也在不断地增长，为了保证商品市场上蜂王浆的质量，就必须对蜂王浆原料的质量进行严格控制，所以我国和日本等蜂王浆的主要生产和消费国先后提出了蜂王浆原料的质量标准。

一、蜂王浆国家标准

蜂王浆的质量标准是衡量蜂王浆质量优劣的依据。我国第一部《蜂王浆国家标准》已于1988年9月发布，1989年3月1日起实施（GB 9697—88）。2002年8月23日，中华人民共和国国家质量监督检验检疫总局又发布了新的蜂王浆国家标准（GB/T 9697—2002），2003年3月1日开始实施。2008年6月27日，中华人民共和国国家质量监督检验检疫总局和中国国家标准化管理委员会发布了最新的蜂王浆国家标准（GB 9697—2008），该标准从2009年1月1日起开始实施。GB 9697—2008规定了蜂王浆的定义、等级、品质、试验方法、包装、标志、储存、运输要求。对鲜王浆主要技术要求如下：

1. 蜂王浆的感官要求 包括色泽、气味、滋味、口感和状态等方面。

色泽：无论是黏浆状还是冰冻状态，都应是乳白色、浅黄色或浅橙色，有光泽。冰冻状态时还有冰晶的光泽。

气味：黏浆状态时，应有类似花蜜或花粉的香味、辛香味和气味纯正，不得有发酵、酸败气味。

滋味和口感：黏浆状态时，有明显的酸、涩、辛辣和甜味感，上颚和咽喉有刺激感。咽下或吐出后，咽喉刺激感仍会存留一些时间。冰冻状态时，初品尝有颗粒感，逐渐消失，并出现与黏浆状态同样的口感。

状态：常温下或解冻后呈黏浆状，具有流动性。不应有气泡和杂质（如蜡屑等）。

等级：根据蜂王浆理化品质，蜂王浆分为优等品和合格品两个等级。根据蜂王浆水分和10-羟基-2-癸烯酸的含量来划分（表1-1）。

2. 理化要求　产品等级和理化要求见表1-1。

表1-1　产品等级和理化要求

指　　　标		优等品	合格品
水分/%	≤	67.5	69.0
10-羟基-2-癸烯酸/%	≥	1.8	1.4
蛋白质/%		11～16	
总糖（以葡萄糖计）/%	≤	15	
灰分/%	≤	1.5	
酸度（1摩尔/升NaOH）/（毫升/100克）		30～53	
淀粉		不得检出	

3. 安全卫生要求　应符合国家法律法规和政府规章要求，符合国家有关标准规定的安全卫生要求。

4. 真实性要求　不得添加或取出任何成分。

我国是世界上蜂王浆生产的第一大国，我国（包括台湾省）的蜂王浆占国际市场的蜂王浆销售量的95%以上，我国广大的养蜂员和科技工作者在蜂种的改良，蜂王浆的生产、加工技术等方面做了大量的工作，在这个领域内居世界领先地位。但我们在蜂王浆的质量控制方面所做的工作略有不足，有关部门及生产者应对此给予适当的关照和足够的重视。另外，在蜂王浆国际贸易中，日本和欧洲的一些客商提出，蜂王浆中抗生素的含量不得超过0.5毫克/千克。这要求在蜂群的管理中应尽量不用或少用抗生素类药物。

二、蜂王浆国际标准

2008 年 7 月 30 日，国际标准化组织食品技术委员会（ISO/TC34）全体成员国投票通过《蜂王浆》国际标准立项，成立蜂王浆国际标准工作组（WG13），认定中国南京老山药业董事长管春华为 WG13 召集人，中国、日本、法国、意大利、德国、土耳其、美国、泰国、马来西亚、印度、阿根廷、巴巴多斯等国家表示共同参与蜂王浆国际标准的制定，项目编号为 NP12824。

从 WG13 成立到标准发布历时 8 年，期间 WG13 分别在中国、法国、土耳其和日本召开了 4 次《蜂王浆》国际标准工作组会议，日常采用电子邮件方式沟通，共修改标准草案 66 稿，采集世界各地 400 多个蜂王浆样品，在 6 个国家 15 个实验室开展环比验证工作，取得上千份检测数据进行分析研讨。

2016 年 9 月 15 日，国际标准化组织（ISO）官网上发布了《蜂王浆》国际标准（ISO12824：2016 Royal jelly-Specifications）正式出版发行的信息，标志着中国蜂业牵头制定的我国第一个蜂业国际标准，经历 8 年努力，最终修成正果。

《蜂王浆》国际标准的创新意义在于区分天然蜜源和人工喂糖方式生产的两种类型的蜂王浆，引导蜂农转变生产方式，从"高产型"向"质量型""效益型"转变。体现优质优价，促进公平贸易，使消费者明明白白消费，根据自己的需求选择不同类型的蜂王浆产品，最大限度地保护蜂农和消费者权益。《蜂王浆》国际标准制定成功，是我国蜂业走向国际的一大突破，是我国蜂业界和国际蜂业标准专家共同协作的成果。

《蜂王浆》国际标准规定了蜂王浆生产技术卫生要求、质量标准要求、运输储存以及包装标志要求。本标准适用于蜂王浆的生产环节（采集、简单加工、包装）和贸易环节。本标准不适于蜂王浆制品。

1. 蜂王浆的定义

蜂王浆是工蜂咽下腺和上颚腺分泌的混合物，不含任何添加物。

蜂王浆的颜色、口感和化学成分是由下列蜜蜂的吸收和转化决定的：

类型1：只食用蜜蜂的天然食物（花粉、花蜜和蜂蜜）

类型2：食用蜜蜂天然食物和其他营养物质（蛋白质，碳水化合物等）。

2. 要求

（1）描述：蜂王浆呈乳白色、淡黄色，有光泽。常温下呈黏浆状，具有流动性，不应有气泡和杂质。蜂王浆在储存过程中可出现微量结晶。

（2）气味和口感：辛香味，不得有发酵、酸败气味。酸、涩、辛辣感，对上腭和咽喉有刺激感。

（3）理化要求：理化要求见表1-2。

表1-2　理化要求

指标		要求	
		类型1	类型2
水分％	最小值	62	
	最大值	68.5	
10-HDA％	最小值	1.4	
蛋白质％	最小值	11	
	最大值	18	
总糖％	最小值	7	
	最大值	18	
果糖％		2～9	

（续）

指标	要求	
	类型 1	类型 2
葡萄糖%	2—9	
蔗糖%	<3	Na
吡喃葡糖基蔗糖%	<0.5	Na
麦芽糖%	<1.5	Na
麦芽三糖%	<0.5	Na
总酸度（1 mol/l NaOH）ml/100 g　　最小值	30.0	
最大值	53.0	
总脂%　　　　　　　　　　　　　最小值	2	
最大值	8	
C13/C12 同位素比 δ‰	−29～ −20	−29～ −14

（4）卫生要求：卫生要求见表1-3。

表1-3　卫生要求

指　　标	要求	分析方法
细菌总数 cfu/g　　　　　　最大值	500	ISO 4833
致病菌：		
大肠杆菌 mpn/g	不得检出	ISO 4831
沙门氏菌 mpn/g	不得检出	ISO 6579

3. 包装、标志、储存、运输

（1）包装：蜂王浆包装应符合食品包装要求。

（2）标志

每一个包装或标签上应标记下列信息：

①产品名称和商品名，或是商标；

②生产商或包装商的名称和地址；

③净重；

④生产国；

⑤生产年份；

⑥保质期；

⑦储存方式和说明；

⑧如果冷冻，注明时间；

⑨类型；

⑩批号。

（3）储存和运输：储存温度应 2～5℃，长期保存最好低于−18℃。

不同产地、不同时间生产的蜂王浆要分别（装瓶，装箱）存放。

蜂王浆应低温运输，不得与有异味、有毒、有腐蚀性和可能产生污染的物品同装混运。

三、影响蜂王浆质量的几个因素

1. 蜂王浆真实性（掺假）　　10-HDA 被认为是判别蜂王浆真实性的主要质量指标，研究已经揭示了 10-HDA 作为一种检测蜂王浆真实性的标志物的重要性。目前，王浆酸已经成为判断王浆真实性的常规检测内容。但是王浆酸含量变化范围较大。下面介绍几种常见的蜂王浆掺假及鉴别方式：

（1）掺蜂蜜：掺有蜂蜜的王浆，颜色变化不明显，在下层取样尝味甜，放置一段时间后，出现分层，进行称重时，相对密度增加，增加数量与掺入蜂蜜量成正相关。向蜂王浆中掺蜂蜜会造成蛋白和脂肪含量减少，同时糖分增加。

（2）掺牛奶：蜂王浆中掺入牛奶后，朵块不明显，呈混浊状，有奶腥味。检验方法一：取待检样品0.5克于试管中，加蒸馏水10毫升，搅拌均匀，煮沸冷却后，加入1克食盐，若出现类似豆浆一样的絮状物，即证明掺有牛奶。检验方法二：取试管1支，装入0.5%的氢氧化钠溶液10毫升，在酒精灯上加热煮沸，离火，加入蜂王浆0.5克，搅拌均匀，色渐转淡黄清澈者为纯正；若出现云雾状并逐渐扩散下沉，其颜色先浑浊后转微黄，不清澈，即证明掺有牛奶。

（3）掺滑石粉：凡掺有滑石粉的蜂王浆色淡苍白，相对密度增大，取1克待测蜂王浆加入10毫升1%的氢氧化钠溶液中，摇匀静置后，即出现白色沉淀物。

（4）掺淀粉或糊精：凡掺有淀粉或糊精的蜂王浆，外观似搅拌过，手捻有细小颗粒感，浆色淡白，光泽差，朵状不明显，有的成条状，味淡或略甜，pH下降。检验方法一：取待检蜂王浆0.5克于试管内，加蒸馏水5毫升充分搅拌，纯正蜂王浆溶液混浊，乳白色，管壁无颗粒；如掺有淀粉或糊精，则管壁粘附许多类似豆渣一样的颗粒。检验方法二：取待检蜂王浆0.5克于试管内，加蒸馏水10毫升充分搅拌，煮沸冷却后加碘酒1滴，若出现蓝色或黑色即说明蜂王浆不纯。

（5）掺幼虫液体：这种王浆在常温下储存一天后，就会由于发酵而产生大量气泡。

2. 冷冻和解冻对蜂王浆品质的影响　为防止食品原料的变质，均对其进行低温储藏保鲜，待食用或加工时再将其进行解冻。这个过程对食品的新鲜度有很大影响。尤其是经过食品最大冰晶生成区的温度变化过程，对食品的品质和新鲜度影响更大。由于蜂场一般远离繁华地区，因此蜂王浆从蜂场采集后，会就近将其储存在冰箱中，待深加工或食用时再将其解冻，以保持其新鲜度。因此，探求解冻、冷冻对蜂王浆的品质和新鲜度的影响就具有重要的现实意义。

蜂王浆的储藏方式可以分为两种：一种是冷藏，另一种是冷冻。冷冻是比较特殊的一种储藏方式，因为其冷冻、解冻都要经过冰点温度。从理论上讲，解冻是冻结的逆过程，但实际上冻结和解冻不但在相变方向、冷却过程和加热过程有不同，在食品的冻结时间和内部温度变化方面还有很多不同之处。由于冰的热传导率是水的 4 倍，所以相同温度下，冻结与解冻的所需时间相差很大。解冻时水分和细胞的复原程度越好，解冻产品质量越高，反之越低。因此，解冻要比冻结更复杂。此外，解冻时体系中温度升高，冰晶体消解，会产生溶质浓缩损伤，脱水损伤，冰晶体的机械损伤等冷冻损伤和微生物的数量变多、活性增强的现象，对储藏品都会产生品质和新鲜度上的影响。在冷冻和解冻的过程中，外界温度，冷冻、解冻的时间，以及被解冻物的大小、形状，都会对解冻产品品质和新鲜度有一定的影响。

庞红金《蜂王浆新鲜度指标的探讨与冷冻解冻对蜂王浆的影响》的研究结果指出：

（1）－18℃和 0℃反复冷冻解冻对王浆的新鲜度影响很大。王浆中的感官评价值、酸度、水溶性蛋白质、SOD（超氧化物歧化酶）、抑菌性（大肠杆菌和枯草芽孢杆菌）变化明显。

（2）反复的冷冻解冻会加剧储藏温度和时间对王浆的影响，从而降低蜂王浆的储藏时间。储存时间和冷冻解冻次数之间是相互促进，共同影响蜂王浆品质和新鲜度的。反复的冷冻解冻对王浆的新鲜度造成很大的影响，冰晶的反复生成对王浆本身造成的机械损伤可能是主要原因，另外就是温差导致王浆中部分成分发生变化，从而影响到王浆新鲜度的变化。蜂王浆的品质和新鲜度随着储藏时间的延长，逐渐降低，而反复的冷冻解冻也会加剧降低蜂王浆的品质和新鲜度，从而降低王浆的储藏时间。蜂王浆在－18℃且不经过反复冷冻解冻的储藏方式，其新鲜度保持最好。

为了保证蜂王浆的质量，尤其是使其活性物质不失活，必须在其采收、运送、储存、加工乃至消费者保存和食用过程中，严格控制各个环节的条件，如适宜的温度、避光、隔绝空气、防止细菌污染等，从而保证蜂王浆的质量，这样才能发挥其应有的营养保健和医疗作用。

第八节　如何鉴别和选购蜂王浆

为了获得新鲜优质的蜂王浆，我们不可能都去养蜂，也不便亲自去蜂场监督养蜂人取浆然后拿来食用，一般情况下，我们需要从零售商或养蜂人手中购买。如何才能购得新鲜、纯正、高品质的蜂王浆呢？下面教您对蜂王浆的真假优劣进行判别。

蜂王浆的感官鉴定是基层的蜂王浆收购人员和广大消费者在日常工作和生活中，较易掌握的一种简便易行的王浆质量判定方法。有经验的养蜂员和收购人员，用口尝、鼻嗅、手摸和眼看，就能八九不离十地区分蜂王浆质量优劣。

一、看

一看包装是否清洁卫生。如果包装上长有毛霉，并伴有恶臭气味，说明蜂王浆在高温下存放时间长，且不卫生。

二看色泽是否正常。色泽是鉴定蜂王浆花种和新鲜度的重要依据。新鲜优质的蜂王浆应为乳白色或淡黄色，而且整瓶颜色应均匀一致，有明显的光泽感。但决定蜂王浆色泽的因素很多，主要有：

（1）开花期与蜜源：一般春季的油菜、紫云英、槐花等花种的王浆为乳白色；初夏季荆条、枣花等花种的王浆稍带淡黄色；秋季的王浆颜色比较杂，椴树花种的王浆为白色，向日葵和玉米花种为黄色，但乳白色或淡黄色的王浆比较普遍，不过也有个别花种的蜂王浆，即使很新鲜也不是乳白色或淡黄色的，如荞麦、山花椒等花种的王浆呈微红色，并非变质，可作特殊情况处理。

（2）取浆时间：移虫后 48～60 小时取的浆色泽较浅，移虫后 64 小时以上取的浆颜色就加深，浆状也变稠，即常说的"老浆"。

（3）储存条件：新鲜优质的蜂王浆具有明显的光泽，有鲜嫩感；而随着储存时间的延长，色泽就逐渐转深变红。如在常温下放置过久，已经变质，颜色就会加深，并常伴有腐败的气味。

（4）掺假：如在蜂王浆中发现掺有淀粉、奶粉、滑石粉等，一般来讲颜色苍白；如掺有化学糊精则出现灰色、蓝灰色，无光泽并伴有条块状。总之，蜂王浆颜色的变化是质变的现象，通过肉眼观察蜂王浆色泽是否正常，即可对蜂王浆质量好坏有一个初步印象。

三看形态。新鲜的蜂王浆是半透明的黏稠半流体，用小刮板等工具刮取的蜂王浆有明显的朵状，蜂王浆的"朵"是蜂王浆在台基形成的状态，朵状没有被破坏，证明是新鲜的王浆。用吸浆器吸取的蜂王浆，或者由于储存时间过长，或者因蜂王浆未装满容器在运输中颠簸，朵状往往被破坏，这就需要结合其他指标进行综合鉴定。一般市场上销售的蜂王浆中很难看到朵状，由于在生产中经过滤搅拌等工序，朵状被破坏，但不影响产品质量。杂质情况，质量好的蜂王浆应不含蜡屑、幼虫等杂质，而生产粗放的蜂王浆中明显可以看到有蜡屑、幼虫残片及幼虫体液等杂质。

四看稀稠度。鲜王浆的稀稠度要正常，特别稀的含水量过高，特别稠的浆质过老，都不符合质量标准。现在观察蜂王浆黏稠情况时，可以先将盛浆瓶盖打开，用手指轻轻挤压瓶壁（塑料瓶），如果浆溢出很高都不流，说明特别稠，就是说浆过老；如果一挤就很快溢出来，说明特别稀，就是说浆嫩了。正常的浆应该是用手一挤瓶壁，浆高出瓶口一点，但又不至于流出来。此外，也可用一消毒的玻璃棒，插入盛王浆的容器底部，轻轻搅动后向上提起，观察玻璃棒上粘附蜂王浆的数量，如果数量不多，向下流动慢，表明稠度大，含水分少；粘附的数量少，向下流动快，表明浆稀，水分含量高。如有浆、水分层现象，则表明蜂王浆中掺有水。

五看有无气泡。新鲜蜂王浆应该无气泡。如果发现蜂王浆表面有气泡，可能会出现两种情况：一种是大气泡，气泡较少而间隔较长，这可能是倒浆时引起的，这种气泡用笔一点就破；另一种气泡，数量很多，有的还从瓶盖上溢出来，这种浆检验味道不错，鼻闻也无异味，但放一段时间就变得像蒸馒头发的面一样，这种浆是不符合质量标准的。

二、尝

蜂王浆在品尝时应用舌尖细细品味。新鲜优质的蜂王浆有酸、涩感。味感应先酸，后缓缓感到涩，还有一种辛辣味，后味长，回味稍甜。酸味和辣味越浓厚，则品质越优良。储存时间长的蜂王浆酸味较重，辛辣感不强；伪品蜂王浆气味平淡，后味短，不爽口的酸味是变质、掺假的表现；口感太甜，说明该浆可能掺入蜂蜜、蔗糖或葡萄糖。

三、闻

新鲜蜂王浆有独特的浓郁香气，即略带花蜜香和辛辣气。无腐败、发酵、发臭等异味。不过，由于蜜源植物花种的不同，也可能产生特殊的气味，如荞麦花浆就有一种特殊的臭味。但如果发现有牛奶味、蜜味或已酸败的馊味等其他异味，则说明此浆质量有问题。

四、捻

用玻璃棒从蜂王浆中搅动后，从上取少许蜂王浆用拇指和食指细细捻磨，新鲜蜂王浆的手感应该是细腻和黏滑的。如捻之粗糙，有沙粒的感觉，说明有玉米面、淀粉等杂质。浆内如果混有幼虫、蜡屑、经过研磨的细小颗粒，捻后都可以察觉出来。储藏一段时间或经冷藏、冷冻的蜂王浆，因 10-HDA 结晶析出，还有细颗粒感，但随着搓揉时间延续，结晶颗粒易溶化，细颗粒感逐渐减弱。如果被检蜂王浆无细颗粒感，除新取出的和速冻的蜂王浆外，即可能是假蜂王浆或是已被过滤的蜂王浆，被过滤的蜂王浆 10-HDA 含量降低，质量受到严重影响。

第九节 如何保存蜂王浆

鲜蜂王浆营养十分丰富，含有许多对人体机能具有重要作用和影响的活性成分。因此，只有把它保存在环境适宜的条件下，才能确保其有效成分含量和质量不变，发挥出它特有的营养保健与医疗功效，对疾病产生预防和治疗作用，使人身体健康，延年益寿。

一、蜂王浆储存温度

鲜蜂王浆必须低温保存，这在国际上已成为共识。研究表明，蜂王浆含有活性肽、激素、酶等丰富的生物活性物质，其生物活性不稳定，在光、空气、温度、湿度、加工和保存方法等条件影响下，均易受到破坏，特别是温度易影响其保健和治疗作用。苏联《蜜蜂和人的健康》（1964）一书记载，只有在0℃以下才能很好地保存蜂王浆。在3～5℃的温度下，天然蜂王浆经过12～24小时后就会丧失生物特性。苏联学者塔努力信德1965年报告，在0℃条件下，蜂王浆的生物活性要经过3～4昼夜才下降。前苏联学者在1972年证明，在零上温度下储藏蜂王浆会很快失去生理活性。丧失活性的蜂王浆也就丧失了其本来的价值。

英国养蜂协会主席汤斯莱博士指出，"室温下鲜蜂王浆存放一天，蜂王浆中很多有效成分会被破坏，蜂王浆必须冷冻保存"。当今世界各国要求新鲜蜂王浆必须冷冻保存：日本规定蜂王浆必须在−20～−15℃条件下保存。中华人民共和国农业部 2002 年 7 月 25 日发布的《无公害食品——蜂王浆与蜂王浆冻干粉质量标准》中规定，蜂王浆应在－18℃以下低温保存，保质期为 24 个月。只有采取低温冷冻保鲜措施，才能保证蜂王浆的质量，特别是具有特殊功能的活性成分（如蜂王浆主要蛋白、超氧化物歧化酶、活性肽、类胰岛素、激素、酶类等）不丧失，从而发挥其应有的营养保健和医疗作用。

二、蜂王浆盛装容器的选用

盛装蜂王浆的容器很有讲究，并非什么容器都可以，特别是不可用金属容器，如铁、铝、铜等金属容器盛装，这类容器易与蜂王浆发生反应，从而导致变质。盛装蜂王浆也不宜用透明容器，以暗棕色玻璃瓶或乳白色、无毒专用塑料瓶为宜。使用前，容器要洗净、消毒并晾干。消毒可采用酒精浸洗的方法，也可高温蒸、煮消毒。盛装蜂王浆时容器可以装满，尽量不留空间，瓶口采用电磁感应封口，瓶盖要拧紧，减少与空气接触，避免发生氧化还原反应。

三、家庭怎样保存蜂王浆

消费者在购买新鲜蜂王浆后，应装入棕色瓶中密封保存，将其放在家用冰箱的冷冻室内，温度保持－18℃以下，可保存 2 年不变质。如果没有冰箱，要在常温下保存的话，可以将蜂王浆与高浓度蜂蜜混合均匀后保存。因为蜂蜜是一种糖类物质，而且浓度较高，能抑制细菌的繁殖，同时把蜂王浆与蜂蜜混合服用，比单纯服用蜂王浆具有更好的效果。储存在蜂蜜中的蜂王浆浓度以 5％最为适宜，即每 5 克蜂王浆与 95 克蜂蜜混合均匀，这种蜂王浆蜜可在室内保存 1～2 个月不会变质。但服用这种蜂王浆蜜时，每次服用时都要充分摇匀，因为蜂王浆和蜂蜜的相对密度不同。蜂王浆易浮于蜂蜜的上部，如不摇匀会影响服用蜂王浆的剂量和效果。用冰箱来冷冻保存蜂王浆，可以达到长期保鲜的目的。实践证明,在-7～-5℃条件下,存放1年,蜂王浆的成分基本没有变化,在-18℃的条件下可存放数年,不会变质。为了食用方便,可以用小塑料瓶进行分装,将1～2个星期用量的蜂王浆放在冰箱的冷藏室,其他的放在冰箱的冷冻室。

第十节　蜂王浆有望进入《保健食品原料目录》

2017年9月30日,国家食品药品监督管理总局保健食品审评中心发布了《保健食品原料目录研究专项课题招标公告》和《保健食品功能目录研究专项课题招标公告》。

列入保健食品原料目录研究的专项课题主要包括:保健食品原料的功能性、安全性文献分析及数据库建立;保健食品应用安全性、功能性情况调查及数据库建立;保健食品已批准产品情况统计及可用物品名单研究;保健食品原料研究,原料名单如下:沙棘(油),人参(红参),西洋参,天麻,三七(第一组);灵芝,灵芝孢子粉,枸杞子,螺旋藻(第二组);银杏叶(银杏叶提取物),红花,黄芪,石斛,红景天(第三组);鱼油,海豹油,鳕鱼肝油,大蒜油,牛初乳,**蜂王浆**(第四组);植物甾醇(植物甾醇酯),番茄红素,辅酶Q10,褪黑素＋维生素B6,角鲨烯,肉苁蓉(第五组)。针对以上原料,开展原料来源研究,包括原料名称、拉丁学名、来源、使用部位、规格、质量要求;开展原料质量一致性研究,包括原料的工艺、产地、储藏、鉴别项、重金属和农残限量、标志性成分/功效性成分含量范围及检测方法、建立原料质量一致性的评价方法;开展产品质量一致性研究,明确产品工艺、不同工艺的质量关键控制点,剂型,开展产品不同工艺、剂型与技术要求相对应的含量范围、限度要求、检测方法、成品转移率等研究,建立产品质量一致性的评价方法。

第二章

让蜂王浆做你的健康帮手

第一节　蜂王浆能让你更美

一、蜂王浆与美容

随着社会的发展和生活的富裕，怎样延缓衰老、留驻容颜，是人们越来越关注的话题。蜂王浆是一种很好的美容剂：由于蜂王浆中含有丰富的维生素和蛋白质，还含有 SOD，具有杀菌消炎作用，是一种珍贵的美容用品，长期使用，会使皮肤红润、光泽、倩丽。蜂王浆不仅有健身、祛病、抗衰延寿的作用，而且还有养颜美容的功效，使容颜自然、真实、持久，是理想的天然美容剂。据古埃及历史记载，女王克里奥佩特拉用蜂王浆来帮助她保持健康和美丽，因此在当时，她一直是最美丽的女人。现代美容研究和实践证实，服用蜂王浆不但能使人精力充沛，而且颜面皮肤红润，使人保持青春和美貌，体现出真正健康的美丽。同时，使"秀外必先养内"的中医美容理论得以充分体现。如有人给老年人肌内注射蜂王浆制剂，使老人面部红润，皮肤皱纹减少，老年斑消失。口服蜂王浆有很好的美容作用，外用通过皮肤吸收也有直接美肤的效果。实践证明，每日用 0.5～1 克蜂王浆加上 1～1.5 克甘油混合后，早晚两次涂搽脸面，可使皮肤柔软，富有弹性，推迟皮肤老化，减少色素的形成，有利于消除青春痘等皮肤病。临床试验表明，加入浓度为 0.5％的蜂王浆系列化妆品可以治疗痤疮、褐斑、脂溢性皮炎、面部糠疹、老年疣、扁平疣等，取得了近 80％的有效率，无一例发生变态反应、刺激作用和副作用。将蜂王浆添加到化妆品中，可以促进和增强表皮细胞的生命活力，改善细胞的新陈代谢，减少代谢产物的堆积，防治纤维变性、硬化，滋补皮肤，从而使皮肤柔软，富有弹性，推迟皮肤的老化。

蜂王浆之所以有奇妙的养颜功效，根据"秀外必先养内"的中医理论，人体是一个有机整体，皮肤的颜色、荣枯与五脏经络气血关系相当密切。只有脏腑功能正常，经络气血旺盛，才能容貌不衰，皮肤细腻柔嫩，光滑润泽。然而，当前很多人认为美容、化妆、护肤仅仅是面部皮肤的保养。这种理解是片面的，法国美容大师、营养学博士帕达克明明确指出："人应该利用食物的美容功能，结合遗传因素调整饮食结构，从而在成长中尽可能达到尽善尽美，这才是未来美容的必然趋势，而现在一心向往美的人往往忽视了这一关键性问题，只热衷于进美容院。"可见人体的营养平衡和注重整体调理是美容的根本。在这方面，营养成分齐全的蜂王浆具有独特的优势。分析表明，蜂王浆中含有人体必需的营养素，如蛋白质、氨基酸、维生素、微量元素、酶类、脂类、糖类、磷酸化合物、激素等，还有一些未知的营养物质。蜂王浆中丰富的营养成分不仅能补充人体必需的营养，相互巧妙结合，神奇地调节机体新陈代谢，增强体质，其还有很多具有美容功效的物质，起到养颜美容的作用。如蜂王浆中所含多肽类生长因子，能较全面地促进细胞代谢、分裂和再生，使衰老细胞为新细胞所代替。蜂王浆所含丰富的维生素中，维生素 A 可促进皮肤代谢，保护上皮细胞，使皮肤润滑、光洁、富于弹性，特别是能使眼睛明亮而有神；维生素 B_2 是抗皮炎的特效物质，可防治和清除面部色素斑与粉刺；维生素 B_3 可改善皮肤代谢、加速血液循环；维生素 B_5 有益于皮肤、神经组织，增强触觉的敏感性；维生素 B_6 可抑制皮脂腺活动，减少皮脂分泌，治疗脂溢性皮炎，使皮肤光洁柔润，还可以延缓皮肤出现皱纹；维生素 B_{12} 为造血物质，可增加血红蛋白，使肤色红润而富于朝气；维生素 C 是黑色素的"克星"，可使皮肤洁白细嫩，被誉为美容维生素；维生素 E 可保持皮肤弹性，延缓皮肤松弛、早衰；维生素 H 可加速皮肤细胞代谢，防止毛囊炎发生。蜂王浆所含超氧化物歧化酶可清除自由基，能减少和消除褐色素的积累，消除老年斑。蜂王浆所含王浆酸能显著抑制酪氨酸酶的活性，可以阻止黑色素形成，并有促进脱发再生的功效。所含性激素参加机体蛋白、脂肪和糖代谢，可保持皮肤的湿润、预防皮肤皱褶，壮骨和参与毛发生长等。此外，服用蜂王浆对养颜美容还有以下直接作用：

1. 防治贫血的美容作用 贫血的人易头晕、疲劳、面色苍白、肌肉松弛、眼睛无神，涂搽任何化妆品都无济于事。服用蜂王浆能促进造血功能，对贫血有很好的防治效果，可使其红光满面，充满青春活力和魅力。

2. 防治便秘的美容作用 便秘是美容的大敌。大便不通，阻塞肠道，大便中的堵塞物被血液吸收，造成血液污染，使面部皮肤失去光泽和弹性，长出粉刺、雀斑等。一旦大便畅通，以上症状就自然消失和痊愈。而服用蜂王浆有很好的防治便秘的效果。

3. 催眠的美容作用 充足的睡眠不经能获得健康的体魄和充沛的精力，还是皮肤健美的秘诀之一。睡眠不足和失眠的人容易出现黑眼圈和皱纹，尤其是鱼尾纹，使皮肤过早衰老。而服用蜂王浆有很好的催眠作用，可使失眠患者的睡眠得到改善。

4. 减肥的美容作用 随着生活水平的提高和饮食结构的

改变。肥胖者日趋增加，有损健康和体形美。研究发现，肥胖并不完全是由于营养过剩造成的，而是缺乏某些能使脂肪转化为能量的营养物质，特别是维生素 B_2、维生素 B_3、维生素 B_6的缺乏，使体内脂肪不能转化为能量释放出来所致。蜂王浆中含有丰富的 B 族维生素，因此有减肥作用。

5. 保肝的美容作用 现代研究表明，女性皮肤白嫩，富有弹性，主要在于肝功能健全，一旦肝脏营养不良，功能异常，皮肤就自然出现病变。而蜂王浆所含大量优质活性蛋白，对增强肝脏功能有重要作用，可以加强肝脏的解毒功能。

二、蜂王浆与保健

现在举世公认蜂王浆对人类而言是一种纯天然的高级营养滋补品，连续食用蜂王浆可以明显地改善睡眠、增进食欲、增强机体的新陈代谢和造血机能，提高机体的免疫调节能力，作为扶正强壮剂，它能延缓人体的衰老进程，对多种疾病，特别是癌症和老年性、慢性疾病具有良好的预防和辅助治疗功效。

经过长期的动物实验和临床观察表明，蜂王浆对于机体有下列保健作用：

1. 对内分泌和新陈代谢的调节作用

（1）对糖代谢的调节作用：糖是人体生命活动过程中"燃料"的主要来源。在体内，单糖（主要是葡萄糖）是经肠道等组织吸收进入血液后，由血液直接或通过组织液输送到各种器官和组织的细胞中，通过单糖的生物氧化作用给细胞的生命活动提供能量。没有糖的生物氧化作用，生命活动就会因得不到相应的能量而无法进行。多余的单糖在机体内以肝糖原和肌糖原等的形式储存待用。一旦单糖的生物氧化或者单糖转化为糖原、糖原转化为单糖的任何代谢步骤出现障碍时，都将引发相应的疾病。经研究证实，蜂王浆对动物机体的血糖具有一定的调节作用，它能降低正常动物的血糖，也能降低四氧嘧啶引发的糖尿病动物的高血糖和代谢性高血糖。服用蜂王浆6小时，血糖可降低35.6%～40.3%，与对照组的实验动物相比，有显著性差异。实验还发现蜂王浆的水提取物能降低鳞翅目昆虫幼虫的血糖。由四氧嘧啶引发的大鼠血糖暂时性升高，饲喂蜂王浆2～6小时，其血糖下降44.4%～60.28%，与对照组相比，有明显的差异。经放射免疫分析证明，蜂王浆降低血糖的机理是因为其中含有几种类似胰岛素的多肽，这些多肽可能就是蜂王浆使血糖降低的有效成分。

（2）对组织呼吸的作用：日本学者石黑伊三雄等用瓦氏呼吸器研究了蜂王浆对大鼠肝细胞线粒体呼吸的作用。发现在反应系统中加入1毫克蜂王浆，可使大鼠肝细胞线粒体的呼吸量较对照组增加10%，加入2毫克时，可增加32%。初步分析认为，蜂王浆中的钙离子是特异性激活大鼠肝细胞线粒体呼吸量的一种因子，但由于蜂王浆对呼吸的激活作用比其所含有的钙离子的作用强很多，因此提示我们，在蜂王浆中还应该含有其他的激活呼吸作用的因素。用蜂王浆每日给豚鼠灌胃（40毫克/千克）或肌肉注射（10毫克/千克），共8天，用瓦氏呼吸器测肝脏和心脏的耗氧量，发现蜂王浆能提高肝脏的耗氧量，尤其是灌胃给药时最为显著，平均可增加77%。蜂王浆对心肌的耗氧量与对照组相比无明显差异。在各种组织中，耗氧强度能反映线粒体的呼吸功能，因此说明蜂王浆能增强整体动物肝脏细胞线粒体的呼吸功能。还有的学者认为，蜂王浆增加组织匀浆的耗氧量是增强氧化磷酸化作用的结果。

（3）对三磷酸腺苷酶（ATP酶）活性的作用：ATP酶是生物氧化作用过程中十分重要的酶，它的活性高低对生命活动的效能具有十分重要的作用，所以研究代谢作用，研究生物机体内的氧化作用和能量转化就必须研究ATP酶，肌肉注射蜂王浆能使豚鼠肝脏的ATP酶的活性降低33%，灌胃和肌肉注射分别使心脏ATP酶的活性降低42%和21%。ATP酶的活性高低，可表明 ATP 的分解程度，酶活性越高，ATP 的分解越多，其能量的消耗就越大。蜂王浆降低此酶的活性，表明在合成过程处于正常的情况下，蜂王浆能节省这两种组织中的能量消耗，为机体保持了更多的能量储备。

（4）对肾上腺的影响：蜂王浆能抑制肾上腺中的磷酸酶的活性，并使肝糖原显著减少。

（5）对甲状腺的影响：蜂王浆可使实验动物甲状腺的重量增加，并能加强甲基硫氧嘧啶抑制的甲状腺吸收碘的能力，提示蜂王浆可用于治疗甲状腺机能减退引发的疾病。

（6）对性腺的作用：在蜂群中，食服蜂王浆的受精卵——王台中的卵，能正常地发育成生殖系统发育完全的蜂王，而且蜂王每天在繁殖季节能产下与自身体重相当的卵；而那些不吃蜂王浆的工蜂的生殖系统得不到正常的发育。给大鼠每日注射蜂王浆，5 天后，发现卵巢的重量比对照增加，其阴道求索的水平大增，并发现促性腺素作用与所给蜂王浆的量成正比，用家蝇、鸡、大鼠等做实验，获得同样的结果。用蜂王浆提取液对小白鼠做皮下注射，可使未成熟雌鼠的卵巢质量平均增加 15 毫克；对母鸡饲以蜂王浆，能使产蛋量提高 2 倍，而且可使某些刚停产后的母鸡重新产蛋；蜂王浆可促使果蝇的产卵量增加一倍以上；使雄性大鼠的精囊重量增加，蜂王浆的这种作用在人体也有同样的效应。

（7）对机体蛋白质代谢的影响：用大鼠进行实验表明，使用 18 克的蜂王浆明显地促进蛋白质的合成过程。对于蜂王浆对实验动物生长的影响，研究人员的看法不一，有的人认为蜂王浆能使实验动物的体重明显地超过对照组；有的认为小剂量的蜂王浆能促进动物的生长，而大剂量的蜂王浆会延缓动物的生长。

2. 对动脉粥样硬化和高脂血症的作用　蜂王浆对实验动物的动脉粥样硬化症和高脂血症有一定的防治作用。在喂饲高胆固醇饲料的同时，给家兔长期口服或肌肉注射蜂王浆（10～15毫克/千克体重）能降低总血脂和血液中胆固醇的含量。用肉眼和组织病理学检查发现，蜂王浆能减轻主动脉的粥样硬化。由 X 光冠状动脉造影可看到，对照组的冠状动脉缩窄、迂曲、口径变小，而蜂王浆组动物的冠状动脉虽也呈弯曲状，但口径较大，末端有很多细小的毛细血管。蜂王浆还能防止高胆固醇饲料所引起的脂肪浸润和肝硬化，这一作用可能与蜂王浆的降胆固醇作用和减轻动脉粥样硬化的病变有关。前苏联医学科学院对 12 名 58～70 岁的血管硬化症患者，做舌下服用蜂王浆片治疗，结果表明，血压降低，冠状动脉和脑疾患者的症状减轻，糖尿病患者的病情也有好转，且无副作用。对 16 名早期动脉粥样硬化症患者做三个疗程（10 天为一疗程）的治疗，第一个疗程每天服二次蜂王浆片，第二、第三疗程的剂量根据第一个疗程的情况进行适当增减。在第一个疗程之后，患者的食欲增加，高血压患者的血压趋向正常，心绞痛消失。

3. 增强机体免疫抵抗力的作用　蜂王浆能增强机体的体质，提高免疫调节能力，增强机体抵抗外界不良因素侵袭的能力，和提高机体对不良环境的适应能力。小白鼠的抗疲劳实验表明，蜂王浆能使小白鼠的抗疲劳能力比对照组高出 7 倍以上。蜂王浆显著地提高实验动物的耐缺氧、耐高温和耐低温能力。蜂王浆能使实验动物巨噬细胞的吞噬能力提高一倍以上，这表明动物的抵抗力有很大的提高，此外还发现蜂王浆除了能提高机体的非特异性免疫能力外，还与特异性免疫力和抗癌活性有关。放射线是一类可引起动植物机体的某些变异（如致癌、致畸、致突变等）的物质，为试验蜂王浆能否提高机体对放射线的耐受能力，用多种动物进行实验，处理方法也不尽相同，对照组一般是正常饲喂的动物，给药方法也是多种多样：在照射前几天喂饲或注射蜂王浆；照射当天喂饲或注射蜂王浆，此后延续一段时间；照射之后喂饲或注射蜂王浆等。尽管所有的动物和具体的处理方式不完全相同，但得到的结论都一致，即通过喂饲或注射蜂王浆能提高实验动物对放射线的耐受能力，例如对照组的小白鼠在照射后 11 天内全部死亡，而喂饲或注射蜂王浆的实验组的小白鼠却活了 19 天。

免疫力是人体的自身防御机制，是人体识别和消灭外来入侵的任何异物（病毒、细菌等）的能力；是处理衰老、损伤和变性的细胞，以及识别和处理体内突变细胞和病毒感染细胞的能力。人体执行免疫功能的是体内免疫系统，由胸腺、骨髓、脾脏、淋巴组织等免疫器官和巨噬细胞、自然杀伤力细胞、淋巴细胞等免疫细胞和抗体（免疫球蛋白）所组成。为了达到对人体的免疫强化作用，增强免疫系统各器官和组织的执行能力，服用蜂王浆不失为一种有效的方法。蜂王浆是一种极珍贵的天然保健品，具有神奇的医疗保健作用。长期服用蜂王浆会对骨髓、胸腺、脾脏、淋巴组织等免疫器官和免疫系统产生有益的影响，进而有效增强机体的免疫功能。蜂王浆中含有 10 多种维生素、20 多种氨基酸、核苷酸、微量元素和蛋白类活性物质，不仅能刺激抗体（免疫球蛋白）的产生，使血清总蛋白和丙种球蛋白含量增高，还能调节和增强免疫功能，使白细胞和巨噬细胞的吞噬能力增强，最终提高机体适应恶劣环境和抗病的能力。以上就是蜂王浆医疗保健的理论基础，特别是对疑难杂症起到良好效果的关键所在。动物实验研究发现，蜂王浆对小白鼠耐受低气压兼缺氧和耐受高温的能力有所加强，表现在死亡时间较对照组延长，并能降低自然死亡率；蜂王浆饲喂家兔，可延缓牛奶致热家兔的发热时间，使发热持续时间缩短；蜂王浆如与人参合用，也能降低小鼠在不良条件下（寒冷、低气压兼缺氧、禁食及禁水、四氯化碳中毒）的死亡率；肝脏部分切除的大鼠饲喂蜂王浆后，体重与血清白蛋白增加，血清和肝组织内的转氨酶水平较对照组低，均提示饲喂蜂王浆的大鼠肝功能情况较佳，病理检查肝细胞再生现象旺盛；一侧肾切除及另一侧肾部分切除的大鼠，给予蜂王浆 3～5 周，出现了肾组织的再生现象，蜂王浆促进细胞的这种再生作用，主要是由新生细胞代替衰老的细胞，增加组织呼吸、耗氧量和促进代谢等来完成；蜂王浆还可促使大鼠机械夹伤及截断肢体后坐骨神经的再生（病理切片检查），促使后肢反射活动恢复较快，反应阈值也较对照组低，受损伤神经在恢复时，也增强了组织的代谢过程；另外，蜂王浆能促进大鼠及鸡胚的发育，使低蛋白或缺乏维生素饲喂的大鼠发育良好。人长期食用蜂王浆对其免疫系统有三大功能：一是平衡人体，调节内分泌，从而稳定免疫系统；二是有自然清除功能，可以清除人体内的有害物质，保护免疫系统；三是提供维生素、矿物质以及其他特殊养分，营养免疫系统。因此，食用蜂王浆能增加抗体产量，显著增强细胞免疫系统功能和体液免疫功能，对骨髓、淋巴组织及整个免疫系统产生有益的影响。例如，服用冻结的鲜王浆对胆结石、胆囊炎、白细胞减少症、慢性肝炎等具有显著功效，在对其中一些病例治疗前后进行外周血检测分析（检测血清免疫球蛋白、红细胞免疫黏附功能和淋巴细胞转化率）还证实，蜂王浆对机体的造血功能和免疫功能均有较强的促进作用。蜂王浆中含有 16 种以上的维生素，维生素 B_6 等活性物质可增强红细胞的黏附作用，有力地清除机体内免疫复合物，具体表现为红细胞 C_3b 受体花环率（RBC-C_3bRR）升高，免疫复合物花环率（RBC-ICR）下降。蜂王浆中含有 21 种以上的氨基酸，主要有脯氨酸、赖氨酸、谷氨酸等，这些物质不仅能刺激骨髓物质造血，还能刺激淋巴细胞进行有丝分裂，使细胞转化增值，增强机体细胞免疫功能。蜂王浆中含有其他有机酸、核酸（RNA 和 DNA）和蛋白类活性物质，大致可分为 3 类：类胰岛素、活性多肽、γ 球蛋白，这 3 类物质主要是靠增加抗体数量来显著增强机体内的细胞免疫和体液免疫功能。总之，蜂王浆增强机体免疫功能的作用是肯定的，这是蜂王浆具有良好保健功效和治疗多种疾病的基础所在。随着科学研究的深入发展，对蜂王浆增强机体免疫功能作用的认识将更加深入和全面，从而为更好地发挥蜂王浆的医疗保健功效提供科学依据。

4. 延缓机体衰老的作用

在蜂群中，蜂王和工蜂都是由同样的受精卵孵化发育而成的，工蜂和蜂王幼虫在最初的前3日都是由年轻工蜂饲喂蜂王浆；3日后，蜂王幼虫仍继续享受饲喂蜂王浆，后发育成为蜂王，其后蜂王终生都以蜂王浆为食。而工蜂幼虫3日后改由工蜂饲喂蜂蜜和蜂粮，此后一生，工蜂都以蜂粮和蜂蜜为食。蜂王和工蜂只因食物的不同其寿命有着天壤之别。终生吃蜂王浆的蜂王一般能活4~6年，最长可达9年，而以吃蜂粮和蜂蜜为生的工蜂在生产季节只能活1个月左右，最多也只能活6个月左右（越冬期）。蜂王浆对于其他生物延缓衰老也有一定的作用，例如用果蝇做实验，蜂王浆使果蝇的寿命延长1/6；用小白鼠做实验，蜂王浆能使受试的小白鼠寿命延长1/3。常服用蜂王浆的中老年人，主要表现是身体素质有很大的提高，精神焕发，面色红润，精力旺盛，步履轻盈，很少得病。由此可见蜂王浆在蜜蜂的个体分化和延长寿命中起着非常神奇的作用，但这种作用机理至今仍是一个谜。一般的研究认为，蜂王浆的抗衰老作用不是局部的，而是全身性的；蜂王浆中不但营养丰富，而且含有大量有益于人体健康的活性物质，这些营养成分和活性物质对人体的内分泌和神经系统具有充分补充和激活的重要作用。

人体衰老的主要原因是细胞再生能力的下降和活细胞数目的减少。而蜂王浆有促进受伤组织的再生能力，使衰老和受伤组织细胞被新生细胞所代替，使功能正常化，从而达到延缓衰老之功效。根据人体衰老的自由基学说，衰老主要是体内自由基积累进而破坏组织和细胞所致。因此，任何能清除或阻止自由基产生的物质都具有抗衰老作用。蜂王浆中含有丰富的自由基猝灭剂和清除剂。蜂王浆中含有 SOD 酶，摄食蜂王浆便可补充人体衰老时体内超氧化物歧化酶（SOD）的不足，而抑制自由基的增加，起到抗衰老之功效；蜂王浆中丰富的维生素（如维生素 E、维生素 C）和黄酮类物质是天然的抗氧化剂，能抑制自由基的形成；蜂王浆中的一些微量元素如硒、铁、铜、锌等，对人体的正常代谢十分关键，而且它们还是体内多种酶的辅因子，这些酶往往具有强烈的自由基清除能力，如硒是谷胱甘肽过氧化物酶的辅因子，铜、锌、铁是超氧化物歧化酶的辅因子，铁是过氧化氢酶的辅因子，而锰则是多种酶的辅因子。除此之外，金属离子有时也充当一些还原反应的催化剂或电子供体；金淙廉等人研究发现香菇中的活性多糖具有很强的抗衰老功效，而蜂王浆中也含有类似的糖类物质；蜂王浆含能调节人体内分泌系统的激素，主要有性激素、肾上腺素、类固醇、类胰岛素等，摄入此类物质，可弥补人体由于衰老造成的内分泌器官功能衰退，性激素分泌不足，调整人体的内分泌系统。日本绪方知三郎等研究报告证实腮腺激素具有显著的防衰老效果，蜂王浆中含有类腮腺激素，能使衰老的人体重新焕发活力。蜂王浆中含有丰富的核酸，每克蜂王浆中含 RNA 3.9～4.8 毫克，含 DNA201～223 毫克。服用蜂王浆可以使人体有效地摄取高质量的核酸物质，补充人体因衰老而引起的核酸含量不足，从而延缓衰老的进程，延长人的寿命。同时其他的解释途径还包括蜂王浆中含有丰富的能增强机体抵抗力、延缓衰老的丙种球蛋白和使人长寿的泛酸和吡多醇（维生素 B_6），这些生物活性物质能帮助机体协调新陈代谢的不同环节，从总体上达到综合平衡机体新陈代谢过程的作用，从而延缓机体的衰老进程。

本章通过总结国内外相关研究资料，认为蜂王浆抗衰老的作用机制主要有以下几个方面：

清除自由基的作用　现代医学研究表明：自由基是一类具

有高度活性的物质，它们可以在细胞代谢过程中连续不断地产生，并对自身有一定的损害作用。自由基可以广泛参与机体的生理和病理过程，它们所直接或间接发挥的氧化剂作用会对机体造成长期毒害的结果，最终引起机体的衰老与死亡。蜂王浆中含有自由基猝灭剂和清除剂，过氧化物歧化酶（简称 SOD）就是其中一种，摄食蜂王浆可以消除人体衰老时体内 SOD 不足的现象，有效清除多余的自由基，抑制自由基对机体的危害而起到了延缓衰老和延年益寿的作用。

增强免疫功能的作用　免疫和衰老关系密切，表现在随着年龄的增长，免疫功能减退，容易导致严重疾病，加剧衰老过程。另外，有人认为，自身免疫也是导致衰老的重要环节。在正常情况下，由于"自我识别作用"，机体对自身组织不产生抗体。但是当机体免疫稳定失调时，免疫细胞——淋巴细胞发生突变，分辨不出"自己"和"非己"，就会对自身细胞组织发生攻击，造成各种损害作用，导致早衰或死亡。而蜂王浆能增强机体免疫功能，并对人体具有免疫双向调节作用，因而其有明显的抗衰老作用，具体解释见蜂王浆的"免疫强化作用"。

调整人体内分泌作用　人体衰老过程与内分泌系统的调节功能有着密切关系。随着年龄的增长，内分泌器官功能逐渐降低，也是导致衰老的原因。如胸腺在性成熟时即开始退化，其分泌的胸腺素随着年龄的增长而减少，免疫功能则因胸腺的萎缩而下降，进而造成了人体的衰老；老年期甲状腺的分泌功能降低，肾上腺皮质的内分泌下降 25%，性腺的内分泌功能降低，这些均同样会加速人体的衰老。研究表明，因内分泌水平下降引起的各种生理功能失调，会引发人体患上各种各样的疾病，加速衰老甚至死亡。所以，需要人为地对我们的机体进行有效调整。协调的方法：一是调整功能，使其恢复必要的活力；二是外界输入内分泌的产物，使其产生同样的效果。蜂王浆可以在以上两个方面对内分泌进行有益影响。

　　研究表明，蜂王浆中含有调整内分泌代谢和调整生理机能的激素，主要有性激素、促性激素、肾上腺皮质固醇、肾上腺素、类胰岛素等。据测定，每100克鲜蜂王浆中含有雌二醇416.7～516.8纳克、睾酮108.2～140纳克、黄体酮116.7纳克，这些性激素的含量水平对人体很恰当，是最佳的天然性激素补充物。因此，服用蜂王浆可延缓更年期或使更年期症状得到有效控制，性机能得到加强或重新恢复，使老年人益寿延年。蜂王浆对性机能的影响不单纯是提供内分泌的产物如性激素等，而主要是调节内分泌功能，使其恢复正常的分泌功能。所以法国学者 H. W. Schmidt 认为，蜂王浆的复壮作用在于其促进内分泌腺活动和细胞再生的缘故。这也正是蜂王浆阻止机体衰老，使人"返老还童"，维持青春的原因所在。

　　抑制脂褐素的产生　脂褐素是一种不溶性的控色颗粒，有淡黄色及橙红色的自发荧光，广泛地存在于人体的心脏、血管、大脑、脊髓、神经节、汗腺、肾上腺、肝、子宫、睾丸等脏器组织的细胞中。随着年龄的增长，其在细胞内含量逐渐增加并日趋密集。脂褐素的产生与体内的自由基含量有关，组织中大量的脂类成分因自由基的氧化反应而过氧化，产生醛基或羰基，导致大分子交联，最终形成不溶于酸、碱和有机溶剂的脂褐素。脂褐素沉积在皮肤上，即为人们常见的老年斑，是人体衰老的重要迹象；脂褐素沉着在神经组织中，会引起老年性痴呆；沉着在循环系统时，会影响心血管功能。毫无疑问，脂褐素的含量与机体衰老密切相关。

　　蜂王浆能使动物体内过氧化脂质（LPO）和心肌细胞脂褐素明显下降，主要在于它能延缓自由基的形成，具有抗氧化剂的作用。特别是蜂王浆中的过氧化物歧化酶能抑制体内脂质过氧化物即脂褐素的产生，延缓衰老的出现。同时蜂王浆中大量的活性物质，能激活体内酶系统，促使脂褐素通过相应途径排出体外，降低体内脂褐素的含量，促进皮肤细胞新陈代谢，延缓皮肤细胞的衰老，消除老年斑。

蜂王浆中核酸的作用　众所周知，核酸是人类最基本的"生命源"，没有核酸就没有生命。核酸不仅提供了细胞的遗传信息、营养和活动能量，是合成蛋白质的基础；而且对人体的生长、发育、繁殖、遗传等重要的生命活动都有至关重要的作用。如果人体核酸含量不足就会影响细胞的分裂速度，引起细胞缺陷，使蛋白质合成过程缓慢，导致机体损伤、病变、衰老，乃至死亡，这是人体衰老的真正原因所在。细胞的健康有赖于核酸的数量和质量，如果核酸充实、健康，就能有效地抵抗衰老，延长人的寿命。一些人之所以提前衰老或者发生各种退化性疾病，大多是由于体内核酸不足，导致细胞里的染色体变质而引起。如果不断地补充核酸，就可以延长人的寿命，延缓衰老的进程。因此，有科学家预言：核酸疗法可使人类寿命延长几十年，使人活到 150 岁。而蜂王浆含有丰富的核酸，经常服用蜂王浆是摄取核酸的最佳选择之一。

蜂王浆对人体的营养平衡作用　营养是维持人体健康最重要的因素之一，并且人体营养、生理需求和膳食之间必须建立平衡关系，一旦这种平衡失调，就必然会影响到身体健康，甚至危及生命。老年人食量小，营养吸收能力差，很容易引起营养平衡失调，而服用营养丰富的蜂王浆则有助于维持营养平衡，延缓衰老。研究表明，蜂王浆是被公认的"生命长寿的源泉"，其含有人体必需的大量蛋白质，特别是有重要作用的清蛋白约占 2/3，球蛋白约占 1/3，这种比例关系恰恰与人体血液相似；蜂王浆中含有 21 种以上的氨基酸，其中一些是人体不能制造，而只能靠从外界摄取的；蜂王浆中含有活性很强的16 种以上的维生素，其中含量丰富的乙酰胆碱不仅能增强记忆力，并能延缓衰老；蜂王浆中还含有人体的高能化合物——磷酸化合物，如每克蜂王浆中约含 302 微克的三磷酸腺苷（ATP）；另外，蜂王浆中还含有大量对人体健康至关重要的多种微量元素、激素和多肽类生长因子等。由于蜂王浆营养成分齐全，能对人体进行全面的营养，增强机体免疫力，还具有调整内分泌的功能，改善内分泌和组织的代谢功能，使整个机体得到更新，从而延缓人体的衰老。

5. 抗菌和消炎作用　蜂王浆有抗菌和促进伤口愈合的作用。实验表明，蜂王浆的抗菌谱为大肠杆菌、金黄色葡萄球菌、伤寒杆菌、链球菌、变形杆菌、枯草杆菌、结核杆菌、星状发癣菌和表皮癣菌等。蜂王浆的抗菌消炎作用与 pH 有关，当 pH 为 4.5 时抗菌性最强，pH 为 7 时，抗菌性减弱，pH 为 8 时，抗菌性消失。蜂王浆的 pH 为 3.5～4.5，因此，在天然的状况下，它的抗菌消炎能力最强。经研究发现，蜂王浆对多种细菌具有抑制和杀灭作用，如 7.5 毫克/毫升的蜂王浆液能抑制大肠杆菌、金黄色葡萄球菌、巨大芽孢变形杆菌等细菌的生长。有的研究人员将蜂王浆的抗菌能力与青霉素做了比较，他们使小白鼠在面部分别感染上大肠杆菌、金黄色葡萄球菌、变形杆菌 N 型和溶血性链球菌，蜂王浆的实验组用 10％的蜂王浆水溶液进行治疗处理，对照组的小白鼠用青霉素（2 000 单位/毫升）或短杆菌肽处理，结果发现经蜂王浆处理的小白鼠的伤口在处理后的 13～20 天开始恢复，而青霉素处理组的小白鼠伤口在 18～20 天才开始恢复。这一结果说明蜂王浆具有较强的抗菌和促进伤口愈合的作用。动物实验的结果表明，蜂王浆对二甲苯引起的小鼠耳部炎症和大鼠甲醛性足肿胀有明显的抑制作用，表明蜂王浆能使炎症早期的血管通透性亢进，对渗出和水肿有显著的抑制作用。蜂王浆对大鼠棉球肉芽肿增生无明显抑制作用，不会消除增殖期炎症，有助于组织的恢复和创伤的愈合。

6. 抗癌作用　癌症是当今世界上致死率最高的三大疾患之一，人们经常谈癌色变。目前，世界上难以数计的科学工作者和医务人员为战胜这一"病魔"而进行着全力的拼搏，其中筛选抗癌药物是一项十分繁杂而细致的工作，研究人员在两年的时间内用1 000只小白鼠对蜂王浆的抗癌性能进行了实验，他们将蜂王浆同癌细胞同时接种到实验小鼠身上，而对照组则只接种癌细胞。实验的结果发现，同时接种蜂王浆和癌细胞的实验小白鼠能生存12个月以上，而那些只接种癌细胞的对照组的小白鼠只活了21天。另有一组研究人员用死于白血病小鼠的脾细胞加蜂王浆给小白鼠做皮下注射，另一组对照的小白鼠只注射患病组小鼠的脾细胞，结果实验组的小白鼠活了90天，而对照组小白鼠在21天内就全部死亡。还有的研究人员用淋巴癌、腹水癌、乳腺癌、白血病等的细胞进行动物实验，所得到的结果与上述论述相似；实验的结果是令人兴奋的，但也有令人遗憾之处，即蜂王浆只有在与癌细胞同时或者事先植入动物体内，才会出现抑制癌变的结果。如果当癌症已在动物身体上发生，再注射蜂王浆，那么已发生的癌变不会被控制。这说明蜂王浆对癌症有肯定的预防作用，但对它的治疗作用和机理仍需要做进一步的研究和观察。蜂王浆为什么能抑制癌细胞的生长呢？经长期的研究，其机理大致有下列几点：第一，蜂王浆中含有能抑制或杀灭癌细胞的物质，如10-HDA（王浆酸）、癸二酸、壬烯酸等物质；第二，蜂王浆中含有一定量的丙种球蛋白和多种维生素，这些物质既能提高机体的免疫调节能力，又能抑制多种癌细胞；第三，蜂王浆能激活机体内的免疫系统，促使其产生更多的吞噬细胞，从而减轻并终止癌细胞对机体的伤害。此外还有一些原因，也许是这些因素的综合作用而使蜂王浆在总体上显现出对多种癌细胞的危害具有肯定的预防功能。

目前，在癌症的治疗中，加大蜂王浆服用剂量（每天超过30克）可以减轻化疗、放疗的毒副作用，促进机体正常细胞的再生，调整机体免疫功能，进而改善机体内环境和抗癌能力。已有不少医院利用大剂量的新鲜蜂王浆治疗晚期癌症患者，使其病情得到了控制，延长了生存时间，改善了生存质量。

从免疫学的观点来分析，身体免疫系统正常时，不正常细胞就会被正常细胞杀死；而免疫力低下时，正常细胞就会受到不正常细胞的攻击，使不正常细胞迅速裂变成癌细胞，而服用蜂王浆可提高身体的免疫力和抗癌力。实验表明，蜂王浆能抑制癌细胞扩散，使癌细胞发育出现退行性变化，对癌症起到很好的预防作用。加拿大 Townsend 博士将王浆注射入携带癌细胞的老鼠体内，发现体内的癌细胞被抑制，而未注射王浆的鼠体，不久即因癌细胞扩散而死亡，作者认为蜂王浆中的癸烯酸可抑制癌细胞的生长，同时服用王浆对癌症患者的红细胞、血红素、血小板均有增加趋势，疲倦感、食欲不振等症状也有明显改善。

7. 促进组织的再生作用 经过大量的动物实验，人们发现蜂王浆能促进受伤组织的修复即再生作用，并使受伤动物血流中细胞的数量明显增加，从而加快了受伤部位的新陈代谢过程。用人工的方法把大鼠的坐骨神经夹伤，使其后肢的屈伸反射功能暂时性地丧失，然后给大鼠喂饲蜂王浆，结果发现，蜂王浆能促使大鼠的坐骨神经再生，从而使神经受损的后肢的反射活动的恢复大大快于对照组。对大鼠进行肝脏部分切除后，观察实验鼠的体重，血清蛋白及转氨酶等的变化，发现实验鼠的体重与血清蛋白增加，血清和组织内转氨酶的活性都低于对照组，提示实验鼠的肝功能优于对照组。病理切片的观察发现实验鼠的肝细胞再生现象明显超过对照组。如果将大鼠的一侧肾脏切除，另一侧作部分切除，结果出现肾组织的再生现象，如细胞密集，出现肾小球等，说明蜂王浆有促进动物组织的再生作用。蜂王浆也能促进植物组织的生长，我国科学工作者用含有蜂王浆的溶液浸泡花椰菜的茎，发现经蜂王浆溶液泡过的花椰菜出根早，生长茁壮；

而对照组的出根迟，长势弱。另用蜂王浆溶液（50毫克/升）培养香菇菌，10天后用蜂王浆溶液培养的香菇干重为1 800毫克，而对照组的干重为1 400毫克，两者相差400毫克，蜂王浆溶液使香菇的干重提高了28.5%。这个实验表明，蜂王浆对植物的生长有刺激作用。有的学者认为，蜂王浆中存在着某些植物生长刺激素。

在生活中常感觉年轻时病后的恢复及伤口的愈合能力比年纪大时快，此被认为与组织的再生能力有很大关系，目前发现食用王浆可使血中红细胞增加，衰老的细胞被新生的细胞所替代。将大白鼠肝脏组织部分切除后喂食王浆，发现体重及血清蛋白均较对照（未除者）增加，肝功能也较好，切片检查肝细胞再生明显，另将大白鼠的一侧肾组织切除也有再生现象，这表明蜂王浆能促进水组织细胞的再生及细胞的新陈代谢。无论对内伤、外创，蜂王浆均能增强机体新陈代谢，促进组织细胞再生。通俗来讲，蜂王浆能使瘦人身体健壮，也能使胖人减肥。

8. 对造血功能的作用　口服或注射蜂王浆均能增大实验动物细胞的直径，增加实验动物的血红蛋白、网状组织细胞的数目。给实验小白鼠喂饲抗白血病的药物——六巯嘌呤后，发生骨髓抑制现象，然后喂饲蜂王浆（20毫克/千克体重），结果发现蜂王浆能减轻六巯嘌呤对骨髓的抑制，降低其死亡率，提示在蜂王浆中可能会有一些刺激细胞生长的因子，促使受抑制的骨髓迅速恢复其造血功能。

9. 对心肌和平滑肌的作用　用离体的兔心和鼠心进行培养实验，发现在营养液中蜂王浆的浓度为10^{-4}克/毫升时，对兔心标本无副作用；当蜂王浆的浓度为10^{-6}克/毫升时，蜂王浆能抑制豚鼠心房的收缩力。蜂王浆能促使离体的大鼠和豚鼠的小肠进行收缩；在蜂王浆的浓度为10^{-4}克/毫升时，能轻度增强去甲肾上腺素对离体大鼠输精管的收缩作用。

随着科学的不断进步，在近 30 多年来，生化学家们进行了深入研究，发现蜂王浆的化学成分极为复杂，含有多种氨基酸、维生素、激素、酶类等对人体具有非常重要作用的生物活性物质。蜂王浆的化学成分及其医疗效能已引起世界各国医学家们的重视。国内外临床应用证明，人们连续服用蜂王浆一定时期，食欲明显增加，新陈代谢旺盛，确有调节血压、促进细胞增殖和肝功能恢复、增强造血机能和增强抗病能力等作用。蜂王浆对于神经衰弱、动脉硬化、高血压、低血压、贫血、结核病、肝脏病、肠胃病、食欲不振、营养不良、发育不良、体质虚弱、不育症等，都有显著疗效或较好的辅助疗效。恶性肿瘤患者接受化疗或放疗时配合服用蜂王浆，可增强疗效和减弱化疗、放疗的副作用；蜂王浆外用可以滋润皮肤，治疗皮炎、脱发等症。蜂王浆的临床应用范围，虽然还在继续探索之中，但世界各国的医学家们对蜂王浆已给予高度的评价并寄予很大的希望。法国学者切米兹（H. W. schmidt）认为："尚未发现过像王浆的物质，用如此小的剂量，而能产生如此好的效果。"日本学者松田正义说："人们誉蜂王浆为自有青霉素以来的宝药。"但到目前为止，有关蜂王浆的成分和生理、药理作用所进行的较为系统的研究结果，还不能完全解释清楚蜂王浆极强的保健功能和奇特的医疗效用，还有待学者们进一步深入地研究。

第二节　蜂王浆能帮你强身健体

1953 年，德国学者卡尔斯路最先发现蜂王浆的奇特功能。他认为："蜂王浆对老年人的精神平衡和内分泌功能紊乱极具功效。"继此之后，专家们对蜂王浆的强精、返老还童和延年益寿等作用陆续提出了许多研究报告，并证明确实有效。特别引起医学界注意的是，蜂王浆能增强物质代谢、促进组织再生、改善内分泌功能，还有抑菌、消炎、抗癌变、抗辐射等作用。蜂王浆成分的复杂性在自然界是罕见的，其对人体的益补作用是令人信服的，确实是一种营养价值和医疗作用很高的营养品和治疗剂。凡服用蜂王浆的人，都感到身体素质和工作能力明显提高，食欲增加，睡眠改善，精力充沛，消除疲劳快，很少生病。老人和久病体弱者服用蜂王浆可加快体质好转，使恢复期缩短，旧病复发现象减少。儿童服用蜂王浆可以促进发育，减少病患，提高智力。某些重危病人或用其他药物治疗无效的患者，以及一些患原因不明疑难病的患者，应用蜂王浆治疗后，收到了意想不到的效果。因此，蜂王浆被广泛应用于相关方面。但应该说明的是，在疾病的预防上，任何一种药物都有它的适应证，蜂王浆当然也不会例外。不过，蜂王浆能预防的疾病范围较广，根据国内外临床实践，蜂王浆至少被认为可以预防以下多种疾病及状况：哮喘、高血压、高血脂、动脉硬化、贫血、肾炎、糖尿病、尿路感染、传染性肝炎、肺结核、牙周炎、肿瘤、慢性胃炎、皮炎、口腔溃疡、类风湿关节炎（初期）、不孕症、性欲减退、流感、支气管炎、更年期障碍、精神忧郁、幼儿发育不良、神经痛、术后康复、口腔黏膜扁平癣，且能广泛地改善老年健康、促进创伤愈合等。

　　目前我国是世界上第一大蜂王浆生产国，自 20 世纪 80 年代以来，随着改革开放和经济的不断发展，人民的生活水平飞速提高，因此在医院里和民间，广泛地将蜂王浆及其制剂用于保健和治疗疾病，取得了令人瞩目的效果。尽管有的使用方法从医学的临床角度看来是很不规范和很粗放的，但它却实实在在地为患者解脱了许多无以名状的痛苦，本书将这些资料提供给广大读者，以供参考。

一、蜂王浆对营养不良的功效

　　蜂王浆中含有丰富的蛋白质、氨基酸、维生素、酶类、脂肪酸、无机盐等营养物质，对各种营养不良患者均有良好的调理效果，尤其是对婴幼儿营养不良症更有效。意大利普罗斯派里等在1956年就证实了用蜂王浆治疗婴幼儿发育不良的效果，他们通过大量临床实践证明，给早产的新生婴儿和体弱多病的较大婴幼儿服用蜂王浆，可很快使患儿血红蛋白增加，血浆白蛋白恢复正常，食量增加，肌肉充实，体重增加。

国外许多临床观察证明，对早产婴儿及患严重营养不良症的婴儿，每日口服8~100毫克蜂王浆冻干粉，经20~60天后，就可使患儿体重明显增加。尤其是对那些患有可恢复性新陈代谢紊乱的病例，以及因感染等所致全身营养不良者，治疗效果最好，而对因内分泌疾患而导致生长迟滞者效果较差。前苏联医学专家报告，曾用蜂王浆与人参复方制剂治疗206例3~15岁的患营养不良症的儿童，其中女孩89例，男孩117例，经蜂王浆-人参复方制剂治疗32~34天后，对照组体重平均增3.4%，治疗组体重平均增加7.55%（男孩体重平均增加6.7%，女孩体重平均增加8.4%）。蜂王浆对妊娠时因母亲的疾病引起婴儿营养不良，也有良好的治疗效果。

二、蜂王浆对心血管系统疾病的功效

蜂王浆中含有丰富的营养物质和生物活性组分，对心血管系统的疾病具有明显的预防作用，并且多表现为双向调节作用，如高血压患者服用蜂王浆之后，血压会逐渐下降到正常水平；低血压者服用蜂王浆之后，其血压会逐渐升高至正常水平。苏联医学科学院的专家对12例58~70岁的血管硬化患者，进行舌下服用蜂王浆（黏膜吸收），表现出能使高血压降低的趋势，对于冠状动脉硬化和脑血管栓塞的患者，症状有所减轻或缓解。由于体质的增强，服用蜂王浆的患者，在较长时间内血压稳定，即使在情绪有较大波动时也很少出现反复。

蜂王浆能降低血脂和胆固醇的含量，降低动脉粥样硬化的发病率。前苏联雅罗斯拉夫医学院对 16 名患有早期动脉粥样硬化症的病人做了三个阶段（每个阶段 10 天）的观察，第一个阶段中，每天服蜂王浆 10 克；第二和第三个阶段中，蜂王浆的服用量根据第一个阶段的结果酌情进行增减。结果在经过第一个阶段之后，病人表现出食欲增强，高血压者血压有恢复正常的趋势，心绞痛症状消失。第二、第三个阶段之后，病人病情大为缓解。

据国外媒体报道，将蜂王浆与蜂蜜按 1∶10 的比例充分混合，每次服 1 汤匙，每天 1～2 次，2～4 周为一个阶段，能有效地降低人体血液中的甘油三酯和胆固醇含量，从而预防和缓解动脉粥样硬化。北京医学院采用蜂王浆胶囊辅助调理高血脂51 例表明，效果是显著的，2 个月后化验血象，胆固醇由 287毫克/分升降至 238 毫克/分升，甘油三酯由 252 毫克/分升降至 134 毫克/分升，高密度脂蛋白胆固醇百分比由 24％升到27％，充分显示了蜂王浆的效果。北京化工医院，用王浆冻干粉对 60 例患者进行临床观察，服用 1～3 个月，有效地治愈了高脂血症。一位男性高血脂患者，病史 10 年，脂肪肝和冠心病有 3 年病史，胆固醇和甘油三酯均高于正常值，经 1 个月服用王浆冻干粉后，各项指标均正常。

三、蜂王浆对肝脏疾病的功效

经国内外有关专家的临床观察证实，蜂王浆对肝脏有明显的营养和保护功能，蜂王浆对损伤后的肝组织有促进再生的作用，用以恢复传染性肝炎的损伤，可以收到满意的效果。北京医学院第一附属医院系统观察 35 例肝炎患者服用蜂王浆的效果，结果：显效 14 例，有效 15 例，总有效率 82.9％，其中迁延性肝炎总有效率 90.5％，慢性肝炎总有效率 71.4％。而做常规治疗的对照组，肝炎疫苗的有效率为 46.9％，左旋咪唑有效率仅 24.1%，用蜂王浆调理肝炎时，肝炎患者的主要症状多有改善，其中乏力（有效率为 68.7%）和食欲欠佳（有效率为 84.6%）等症状改善最为突出。北京医学院还用 5%的王浆蜜系统地对 47 例传染性肝炎患者进行过临床测试，有效率高达 91%，尤其是对无黄疸型传染性肝炎效果更好，有效率高达 96%。陈柱石报告，用蜂王浆调理 18 例无黄疸型传染性肝炎，病人服 1%蜂王浆，每次 100 毫克，每天 3 次，连服 1 个月。结束后，病人多种消化道症状：食欲不佳、恶心呕吐、便秘、腹泻、上腹疼，以及各种神经系统症状：头痛、失眠、疲劳、头晕等均有改善。其他症状如肝区痛、心悸等也大有好转，肝脾肿大也有不同程度的减小。蜂王浆具有保肝作用，能加速肝功能的正常化，对肝炎的有效率达 96.6%。可见，蜂王浆对无黄疸型传染性肝炎的效果非常好。

上海第二医学院儿科医院王浆研究协作组对 20 例小儿传染性肝炎进行对比观察，结果表明鲜王浆的效果最好。平均 5 天食欲恢复正常；平均 4.5 天黄疸好转，6.8 天全部消失；肝脏肿大 4.3 天开始缩小，平均 11 天都恢复正常；11.4 天肝功能得到恢复或好转。

四、蜂王浆对糖尿病的功效

现代医学认为，糖尿病是内分泌系统的疾病，是由于人体中胰岛素的分泌量相对或绝对不足而引发的糖、脂肪、蛋白质等物质代谢紊乱的代谢病，早期的症状是多尿、多食、多饮、身体消瘦（即三多一少），随着病情的发展，伴随着出现视网膜、肾脏、神经系统和血管硬化等并发症，严重时会因酸中毒等危及生命。据世界卫生组织的调查表明，糖尿病是一种因生活方式引发的疾病（即所谓的富贵病），通常分为Ⅰ型（胰岛素依赖型）和Ⅱ型（非胰岛素依赖型）两个类型，95%以上的病人属于Ⅱ型糖尿病。目前对此病的发病原因和机理尚不完全清楚，因此尚缺乏根治的药品和技术手段，主要是采用控制饮食，适当的运动和药物治疗相结合的办法来进行治疗。蜂王浆含有一定数量的类胰岛素肽等生物活性物质，可以调节人体的糖代谢，明显降低血糖，有助于改善胰脏、肝脏、肾脏等器官的功能，有一定的预防和治疗糖尿病的效果。集美大学副教授倪辉等通过服用蜂王浆冻干粉结合饮食控制，对 63 例Ⅱ型糖尿病的治疗效果表明：服用蜂王浆冻干粉结合饮食控制能显著降低空腹血糖和餐后血糖指数，对初次诊断的 32 例Ⅱ型糖尿病患者，显效 25 例，有效 7 例，总有效率高达 100%；对长病龄的 31 例Ⅱ型糖尿病患者，显效 13 例，有效 8 例，无效 10 例，总有效率 67.7%。

五、蜂王浆对肿瘤的功效

肿瘤是一种常见病、多发病，严重地危害人民健康，如何进一步改善临床症状和减少病痛，提高生存率，是当前医学界迫切需要解决的问题。

蜂王浆有较强的抑制癌细胞生长、扩散的功能，在恶性肿瘤的综合治疗中具有一定的价值，蜂王浆对胃癌、肝癌等多种肿瘤和癌细胞具有较强的抑制和杀灭作用，能减少放疗和化疗之后病人的痛苦，增加血液中白细胞和血红素的含量，提高机体的免疫调节功能，是我国临床医学中常用的预防和治疗癌症，和多种肿瘤的辅助性治疗药物或营养品。据江苏省中医学研究所徐荷芬、薛慧宁的临床总结报告，他们自 1984 年 5 月起将蜂王浆冻干粉用于恶性肿瘤 365 例，其中男 227 例，女138 例；年龄最小 22 岁，最大 78 岁，平均年龄 53.4 岁。这365 例都是该院肿瘤专科病例，大多数为他院手术或者放、化疗后转院而来，大部分为中晚期病人。疾病分类中以胃癌占首位（98 例），乳癌次之（59 例）。治疗方法：每日服用蜂王浆冻干粉 1 次，每次 1 克，以温开水调匀后加蜂蜜适量，清晨空腹服用，服用时间最长者已达 6 年，至今未见任何副作用。服用蜂王浆冻干粉后，普遍反应精神好转者（343/365）占93.97％；食欲增加者（317/365）占 86.85％；睡眠好转（310/365）者占 84.93％；如因晚期癌肿有剧烈疼痛者，睡眠未见改善，合用化疗或放疗者能减轻化疗和放疗的副作用，使病人能坚持完成过程。在恶性肿瘤综合治疗中，蜂王浆是一种很有前途的辅助补品，对年老体弱不宜大剂量化疗者尤为适合，值得进一步扩大应用。

六、蜂王浆可减轻化疗和放疗的副作用

肿瘤患者术后、化疗或放疗时服用蜂王浆，不仅能有效地提高治疗效果，而且可以成功地减轻化疗或者放疗所产生的副作用。因此，临床上将蜂王浆应用于肿瘤病化疗或放疗的辅助药，效果甚佳。

广东省深圳市人民医院曾广灵等报道一例肺癌患者（手术切除后，肺内复发及肺门淋巴结转移）进行化疗前后，服用大剂量鲜蜂王浆辅助治疗，经一年多观察，已达到近期治愈。患者曾某，男，53 岁，工程师，1989 年 4 月下旬于广州某大医院经胸片及病灶穿刺确诊为右肺尖肺癌，同年 5 月 5 日行右上肺叶切除。术后该院病理报告：右肺腺癌 II 级，肺门淋巴结发现癌细胞。术后胸腔积液，休息一月余，转肿瘤医院治疗。1989 年 6 月 30 日开始化疗，总疗程 6 次，每疗程 4～5 周，每疗程连续做 5 天抗癌药静脉注射及滴注，1990 年 2 月 17 日化疗结束。患者术后及化疗期间，一直服用大剂量鲜蜂王浆，每日 15 克，清晨空腹一次含服，一直未间断。虽然在化疗期间，由于大剂量抗癌药物的联合应用，且第一天冲击量很大，药物的毒副反应严重，杀伤力很强，每次注药后 4～6 小时，严重恶心呕吐，食欲全无，5 天内减重 1.5 千克。但服用蜂王

浆后半小时，即有想进食的饥饿感，使患者迅速恢复食欲。间歇3~4周后，体重保持不减或略有增加，6个疗程后，体重比化疗前增加3千克，体质良好，精神饱满，已脱头发在停药后两个月完全长出。历时七个半月后，复发病灶完全吸收，转移的肿大淋巴结恢复正常，且半年未见复发或转移，这主要是抗癌药物对肿瘤细胞的彻底杀伤所致。但能使患者坚持如此大量杀伤的化疗，除了患者具有顽强与癌症作斗争的良好精神状态外，大量服用蜂王浆，以减轻化疗的毒副反应，促进机体正常细胞的再生与恢复，调整体内免疫功能，使患者在每一疗程之间歇期内，迅速恢复良好的体质，以保证下一疗程的顺利进行，无疑是至关重要的；且体质的改善，又能提高化疗的效果。与本例同期一相同方案，同一主管医师进行治疗的肿瘤病人约十余人，但无一例能坚持6个疗程，多数在第三、第四疗程时，体质明显恶化被迫中断化疗而病逝。其中一例病灶也见吸收，但不久发现脑部复发而告终。这些患者，仅本例能达到近期治愈的效果。究其原因，除个体因素外，没有坚持大量服用蜂王浆，是重要因素之一。蜂王浆作为癌症病人化疗或放疗时的辅助治疗，值得推广应用。且蜂王浆对人体具有免疫调节作用，进而改善体内环境，对防止癌症复发与转移，似有良好作用。

蜂王浆对因放疗、化疗或职业性所致的白细胞减少症均有效果，服用蜂王浆期间，继续接触放射线仍能使白细胞回升或保持稳定。蜂王浆的这种作用，在肿瘤治疗及国防医学上具有一定价值。因为现有的抗癌药物以及放射治疗颇能抑制骨髓和免疫功能，使白细胞锐减，这对于接受放疗、化疗的肿瘤病患者和遭受辐射损伤的人来说，是一种严重的威胁。蜂王浆在这方面的有效作用，是个很好的苗头，可在临床上扩大应用。

七、蜂王浆对神经系统疾病的功效

蜂王浆对神经衰弱有显著效果，可以迅速改善患者的食欲和睡眠，自觉症状明显减轻或全部消失。蜂产品研究专家严翔孙曾用蜂王浆治疗40例各种类型（兴奋型、兴奋衰弱型、衰弱型）神经衰弱患者，效果显著者26例，好转者11例，只有3例患者未见好转，显效率达65％，总有效率达92.5％。北京医学院第三附属医院精神科，将"北京蜂王精"用于90例神经衰弱患者，患者服用后1～3天自觉症状明显改善，2～3个月收到满意效果，显效率达86％，有效率达100％。中医辨证以气血两虚型效果最好。按症状统计，蜂王浆对改善睡眠和食欲、增加脑力和体力最为明显。蜂王浆开始生效时间为服用后10～20天者居多，除症状好转外，部分病人体重增加，贫血见好，认为蜂王浆起到了滋补强壮作用。从蜂王浆对气血两虚型病人的效果最好来看，蜂王浆起到了补气养血的作用，从而能改善睡眠、恢复大脑皮层的功能活动。蜂王浆对精神分裂症有不同程度的效果。临床实践证明，蜂王浆对抑郁症、单纯型、青春型等类型精神病的效果较好，而对妄想症、幻觉症的效果次之，各类病人又以早期就诊者效果为好。精神分裂症患者服用蜂王浆，口服或者注射蜂王浆3天后即可见效。它延长了病人的睡眠，消除了过食或者厌食等症状，体重增加，病人憔悴的面容消失，呈现出容光焕发的状态。特别是蜂王浆能使患者的情绪趋向稳定，抑郁变乐观，生活欲望增强，逐渐使狂躁者变得通情达理，生活能够自理，直到安静如常，完全恢复理智。意大利精神病医院院长发表研究报告指出：服用蜂王浆可以抑制相当多的癫痫病患者的发作。国内外临床实践证明，蜂王浆还可以治疗神经官能症、坐骨神经痛、肌痛、臂感觉异常、植物神经张力障碍等神经系统病症，如配合理疗效果更好。

蜂王浆对精神分裂症有一定的功效。经观察，对抑制型、单纯型、青春型等类型精神病的功效较好，而妄想型、幻觉型精神病的功效较差。其临床表现是，蜂王浆能改善患者的情绪，抑郁变乐观，生活的欲望增加，狂躁者变得较为通情达理，安静如常，生活能够自理。曾有一女性病人，28岁，患青春型精神病，身不着衣，终夜喧闹，不能自行饮食，甚至嗜食煤炭，有时唱小调，身体瘦弱，怒目视人，自言自语。经用蜂王浆治疗之后能自行饮食，并高呼："开饭了。"吃饭时能挑选碗筷，进而要求穿衣服，喧闹减少，有了求生的欲望，面部出现了笑容，病情显著得到改善。蜂王浆还可以治疗神经官能症、坐骨神经痛、寰椎神经痛、肌肉痛、植物神经张力障碍等神经系统疾病。

八、蜂王浆对贫血的功效

对于贫血患者，无论是患病初期或者严重贫血，服用蜂王浆都有比较显著的效果。特别是对引发贫血的多种疾病，服用蜂王浆后，能使机体恢复造血功能的同时，对这些疾病有缓解的效果。内蒙古有一位25岁女工，多年血象不正常，骨髓穿刺确诊为缺铁性贫血，经多年治疗效果不明显。4年来，血红蛋白始终波动在6～8克，白细胞2 100～4 700/毫米^3，血小板50 000～60 000/毫米^3。经服用蜂王浆后，逐渐好转，血色素逐渐上升，白细胞达到7 400/毫米^3，血小板达到25万/毫米^3，治愈出院。这是因为蜂王浆中含有铜、铁等合成血红蛋白的原料，又有促进血液形成的维生素B复合体，因此有强壮造血系统的作用。

九、蜂王浆对肠胃系统疾病的功效

萎缩性胃炎是常发病之一，对人的危害较大，然而，服用蜂王浆对其有效。北京医学院附属医院观察5例胃炎患者，年龄49～56岁，男4例，女1例。服用蜂王浆后，病情不同程度地得到改善，症状明显好转，食欲增加，睡眠改善，精力旺盛，体重增加，胃液检查胃酸明显增加。服用蜂王浆，可使胃炎复发现象减少，消化机能提高。另有资料报道：胃及十二指肠溃疡、慢性胃炎、胃下垂等疾病，经过服用蜂王浆调理后，症状均可得到缓解。日本医学博士森下敬一认为，在肠胃机能恢复上，蜂王浆是卓有成效的。因此，"幽门部溃疡，胃痛，烧心很厉害，吃药也无效果。服用蜂王浆后，不适症很快消失，身上也有了劲，溃疡也被完全治愈了""患慢性胃炎，无食欲，恶心，持续不眠，以至性欲减退。但服用蜂王浆后，各种症状全部消失，特别觉醒时的心情较好，身心都健壮起来"。类似上述肠胃病的治愈病例很多。

十、蜂王浆对口腔疾病的功效

复发性口疮，是发生在口腔黏膜上的圆形或者椭圆形、具有复发性质的疼痛性溃疡。临床常采用对症治疗的方法，服维生素、结合漱液、局部涂擦抗生素糊剂等，以希望收到预防感染、局部止疼、促进溃疡愈合的效果。但是此种方法仅能暂时缓解症状，不能达到根除本病的目的。湖北医学院附属口腔医院李辉奉等用蜂王浆制剂治疗复发性口疮30余例，并对其中13例进行了追踪观察，发现疗效较好。13例患者均为来院就诊的门诊病人，其中男性4例，女性9例，均有多次发作的病史，他们中年龄最小者15岁，最大者53岁，20～39岁多见（11例），病程从1.5～27年不等，平均两个月左右复发一次。临床诊断明确，且经过多种方法治疗无效。经口服浓度5％的蜂王浆5～10毫升，每日2次，用浓度81％的蜂王浆蜜液局部涂擦，每日3～4次；溃疡处贴药膜（新鲜蜂王浆加入羧甲基纤维素等成膜剂中，制成3～5毫克/厘米^{2}的细薄药膜），每日数次；一月为一个阶段。结果：痊愈 2 例，有效 9 例，无效 2 例，有效率 84.6%。患者在过程中普遍反映，服药后自觉心情愉快，食欲增强，睡眠好，止疼迅速，可大大缩短溃疡期。口腔黏膜扁平苔藓是口腔黏膜上的一种慢性、非炎性疾病，为口腔科常见的多发病之一，目前尚缺乏有效的治疗方法，多有久治难愈的现象。湖北医学院附属口腔医院用蜂王浆缓解该病 21 例，收到较好的效果，总有效率为 91%。治疗方法：一是口服浓度 5% 的蜂王浆液，每次 5～10 毫升，每日 3 次；二是患部涂擦浓度 81% 的蜂王浆蜜，每日 3～4 次；三是患部粘敷 3～5 毫克/厘米^2 的蜂王浆药膜，每日 3 次，2 个月为一疗程。各种蜂王浆制剂对消除充血糜烂作用迅速，治疗过程中无痛苦，疗效显著。

蜂王浆治疗牙周炎的辅助效果也很好。据前苏联医务工作者用蜂王浆对 222 名牙周炎患者（61 名男性，161 名女性，年龄在 20～60 岁）的临床治疗显示，当患者每次服 0.1 克蜂王浆干粉剂或片剂，每天 3 次，共服 10 天为一个疗程，到 7～8 天时炎症就消失，牙龈出血停止，病灶不再流脓，显示出最好的治疗效果。

十一、蜂王浆对皮肤病的功效

蜂王浆对多种皮肤病如肉赘、红斑狼疮、口疮、体癣等有较好的预防和缓解效果，据国外媒体报道，用内服和外涂蜂王浆的办法对 25 例牛皮癣患者进行调理，结果 1 例痊愈，6 例明显好转，15 例好转，3 例无效。

前捷克斯洛伐克西赛大学医学院对 16 例扁平疣患者用外涂蜂王浆进行调理，10 例痊愈，3 例无效，另 3 例的疗效不明。

湖南的一所医院用蜂王浆对 5 例红斑狼疮患者进行调理，治愈 3 例，显效 2 例。有人用蜂王浆对 4 名慢性红斑狼疮患者进行调理，患者全部治愈；同时对 2 名急性红斑狼疮患者进行调理，皮肤部位的病灶几乎全部消失，并不结痂。

牛皮癣是比较顽固的皮肤病，用鲜蜂王浆和蜂王浆软膏进行综合调理，可获得满意的效果。方法是每天给患者 20 毫克蜂王浆放在舌头下面，舌下含服；同时在牛皮癣患处轻轻涂擦 3％的蜂王浆软膏 2～10 克，每日 1 次，1～2 个月为一阶段。有人按这种方法调理 25 名不同年龄的牛皮癣患者，其中局部患者 8 人，弥漫性患者 17 人，患病时间从 8 个月到 32 年不等，一般病程 5 年。经过蜂王浆 1～2 个疗程的调理，彻底痊愈者 1 人，基本痊愈者 6 人，明显好转者 15 人，疗效不明显者 3 人，有效率达 85％。解放军总医院皮肤科虞瑞尧报道，北京友谊医院、解放军总医院、朝阳医院等七家大型医院的皮肤科，对加入 0.5％蜂王浆系列化妆品（如蜂王浆雪花膏、蜂王浆珍珠霜、王浆玫瑰蜜、蜂王浆柠檬蜜、王浆杏仁蜜以及王浆檀香粉等）进行临床效果观察，用于 300 多例痤疮、褐斑、脂溢性皮炎、面部糠疹、老年疣、扁平疣等病，取得了近 80％的有效率，患者无一例发生过敏反应和其他副作用。国外报告，蜂王浆不仅有预防、调解皮肤病的作用，而且能护肤，营养、美化皮肤，使皮肤润滑、细腻及皱纹消除，是护肤佳品中的佼佼者，因此在美容上得到广泛的应用。

十二、蜂王浆对关节炎的功效

蜂王浆具有很强的抗炎症作用，临床上用于缓解风湿性关节炎，取得了令人较为满意的效果。左一飞曾用新鲜蜂王浆蜜对 77 例慢性关节炎患者进行调解，每日服用 20 克（含 400 毫克蜂王浆）王浆蜜，20～40 天之后，效果满意者为 36 例，占 47％；比较满意者 10 例，占 13％；效果不满意者 31 例，占 40％。过程中发现，王浆蜜对脊柱型关节炎的效果较好。

山西医学院第二附属医院经过大量的临床实践得出结论：蜂王浆用于缓解风湿性关节炎，服用 2～3 天之后，症状开始减轻，食欲增加，精神好转，痛感减轻；持续 20～30 天，可得到较为理想的效果。期间，病人有口、咽干燥的感觉，但不影响继续服用。美国一家蜂王浆进口商赞助有关科研人员，对 200 名关节炎患者进行治疗观察，初步的研究结果显示：与服用安慰剂的患者相比，每天服用 1 次蜂王浆的关节炎患者，其病痛的程度可以减轻 50％。

十三、蜂王浆对老年性疾病及更年期综合征的功效

人的生老病死是不可抗拒的自然规律。古今中外，人们想方设法以图延缓这一现象的发生，结果并不是徒劳的，蜂王浆确实给人的长寿带来益处。国外媒体报道，将蜂王浆对 134 例老年患者（平均年龄 70 岁以上）使用，多数患者服用 6 次即可见食欲和体重增加，精神好转，血压趋于正常。人们用其延年益寿、"返老还童"不是没有道理的。特别是常服蜂王浆的老人，精神焕发，脚步轻盈，尤似青春再现。这是什么道理呢？说法不一，一般认为与蜂王浆中含有泛酸、吡哆醇有关，但主要是多种因素综合作用的结果。因为蜂王浆可以促进内分泌和细胞的再生作用，改善组织代谢过程，加强再生作用，所以整个机体得以更新，这就是王浆防止衰老的原因。

人到老年（60 岁以后），各种器官和组织的功能逐渐衰退，神经和内分泌的调节作用逐步减弱，致使整体机能出现不平衡的现象，这些现象就是俗称的老年性疾病，如食欲减退，睡眠失调，抵抗力下降，对外界恶劣的条件的抗逆性减弱，性功能减退等。大多数老年人因内分泌失调、植物性神经机能紊乱而引发更年期综合征，其表现是头昏眼花，脾气暴躁，脸、手、脚发冷，肩沉腰痛，手脚发麻，极易出现疲劳，注意力无法集中等。蜂王浆中含有丰富的营养物质和生物活性组分，能

促进内分泌腺体的活动和促进细胞的再生作用，改善机体的新陈代谢速率，从而促进机体的更新速率，延缓衰老的进程，使失调的内分泌神经调节功能恢复正常，使老年性疾病和更年期综合征推迟发生或减轻对人体机体和心理上的伤害。据资料报道，用蜂王浆对134例老年病患者进行测试观察，在服用6次蜂王浆之后，多数患者即出现病症减轻的反应，为食欲增加、精神好转、血压趋于正常等。给老年人肌肉注射蜂王浆制剂，每天3次，每次7毫克，第二日检查血液时发现，血液中的嗜伊红白细胞的数目增加，基础代谢显著增加，连续肌肉注射蜂王浆制剂数日之后，老年人的面部显现出红润感，老年斑的色泽变淡，皮肤上的皱纹有一定程度的减少，显现出"返老还童"的征兆。

更年期障碍是由于内分泌的紊乱，自主神经机能失调引起的疾病和性机能的衰退。这时出现各种症状，包括头昏眼花，脾气暴躁，脸、手、脚发热、发冷，肩沉腰痛，手脚发麻，异常疲劳等症状，这些症状在服用王浆后得到调整。一是延缓了更年期的到来，二是更年期的症状得到减轻和消失，性机能得到加强或重新恢复。这一点特别适用于调节女性的生理机能。在男性的治疗中也发现可提高精子的活力。可是蜂王浆对性机能的刺激不是提供内分泌的产物，如性激素等，而是调节了内分泌的功能，使其分泌出正常人所需要的物质。这就是说，在蜜蜂中只有雌性的蜂王食用，产生雌性的特征，而对人来说男女皆宜，各自显示自己的生理特点。

给出现更年期综合征的老年人服用蜂王浆，一周之后各种临床症状会有所缓解，性机能得到调理，使性欲增强，甚至个别已停经6年度过了更年期的老年妇女竟恢复了月经。很多人在服用蜂王浆之后感到，蜂王浆可延缓更年期发生的年龄，减轻更年期综合征的症状，并使性机能得到适当的提高或恢复。据深圳市人民医院的临床观察表明：蜂王浆治疗更年期综合征，不但内服有效，就是用蜂王浆涂搽皮肤，也可以收到一定的治疗效果。在给一些妇女用蜂王浆涂搽面部皮肤进行美容时，除了能使皮肤有光泽、增白、减少褐斑和皱纹之外，还发现一些患有更年期综合征的妇女，在用蜂王浆涂搽皮肤一段时间之后，更年期综合征也会随之消失。由此可见，蜂王浆对预防和缓解更年期综合征是有效的。

病例1：郭×，女，50岁，武汉冶炼厂工程师。患更年期综合征，长期处于疲劳乏力的状态之中，食欲低下，虚胖，体检时未见异常，但总感到浑身不适，无从医治。食用蜂王浆初期害怕发胖，经说明情况之后，坚持服用蜂王浆三个月，虚胖体征消失，身体变结实了。疲劳感消除，精力增强，自感记忆力恢复，思维有绪，工作效率大大提高。最明显的是食量大增，治疗前"不思茶饭"变为"见到食物就产生食欲"。

病例2：李××，男，91岁，华中农业大学植物系教授。患严重哮喘，1991年两度病危，靠输氧急救。自1992年春开始坚持服用新鲜蜂王浆，机体的抗病能力逐步增强，终于转危为安。本人认为，他之所以能战胜死亡，除了医护工作之外，是新鲜蜂王浆救了他。他10多年前已是满头银发，白眉、白须，服用新鲜蜂王浆两年之后，家属惊奇地发现他后脑勺的白发全部变黑，已秃顶的部位又生出了许多黑发。眉毛除数根较粗者外，其余全部变黑。目前食欲增加，睡眠良好，思维敏捷，体力增强，原先只能在室内散步，但脚部无力，手颤抖不能自己进食，现在能在室外小跑步，走路有力，也可以自己单独进食。

十四、蜂王浆对其他疾病的功效

据国内外的有关报道，蜂王浆及其制剂还对肺结核、肺炎、支气管哮喘、不孕症、大面积褥疮、眼科疾患及外伤等许多病症有一定功效，随着人们对蜂王浆的认识和临床实践的不断增加，蜂王浆的医学应用领域必定会更加扩大，为更多的患者解除病痛。

美国有一个体育杂志叫《肌肉的力量》，它是为举重运动员、角力士和田径运动员办的。在1958年4月的一期上，有一篇文章专门论述蜂蜜和蜂王浆对运动员的作用。作者认为，蜂王浆可以防止身体的退化，使中年人和老年人"返老还童"。因为它能增进活力，使头脑稳定，恢复关节弹性。很明显，蜂蜜和蜂王浆是美国运动员的两项基本饮食。加拿大多伦多体育学会同意把蜂王浆当作食品给运动员服用，其实运动员在墨尔本奥运会比赛及训练时已经食用蜂王浆。我国不少运动员如女排及足球队的运动员，在赛前都曾服过北京蜂王精，反映良好。学生因学习负担过重，精神紧张，记忆力衰退，此时吃些蜂王浆可以得到改善。国内外许多学生在考试前或学习繁重时，吃了蜂王浆之后，明显缓和精神紧张，感到精力充沛，增强了记忆力，特别是计算能力。学生的家长认为，孩子吃补品，给些智力投资是值得的。因为王浆属于温补，所以一年四季可服用，男女老幼均可。

第三节　蜂王浆不是万能的

一、蜂王浆不能治百病

蜂王浆对多种疾病确实有很好的预防和治疗作用，尤其是对一些原因不明的疑难症，能收到意想不到的效果。但是，蜂王浆并不能包治百病，还有很多疾病蜂王浆并没有治疗作用。就是同样的疾病，不同的患者，蜂王浆所发挥的作用也有很大差异。有的人在宣传蜂王浆作用时说什么包治百病，是把它的作用无限夸大了，这一错误观念的产生，主要基于两种情况。

其一是对蜂王浆和医学不甚了解，不辨真伪，因而人云亦云；其二是一些人为私利所驱，对消费者进行误导。实践证明，任何一种治疗方法都有其局限性，没有万能的，蜂王浆疗法也不例外。能治百病的方法过去没有，现在没有，以后永远也不会有。如果某人宣称他的方法能治百病，那么，不仅此方法不可信，就连此人也不足为信。

二、蜂王浆的副作用

蜂王浆对机体具有很多良好的作用，作为营养品长期食服蜂王浆是否会产生毒副作用呢？科学工作者为了弄清这个问题，做了大量的实验。在日本，科研人员用大鼠做实验，每天经腹腔给实验大鼠注射蜂王浆溶液，连续给药5个星期，剂量分别为每天300、1 000、3 000毫克/（千克体重），这个剂量对人体来说，相当于一个体重60千克的成人每天的用量为18克、60克、180克。实验结果，未出现任何毒副作用。仅见血中转氨酶活性降低，卵巢重量减轻，而肝、脾和肾上腺重量增加；但对大鼠的生长、进食量、饮水量无影响，血液和尿化验分析也无异常改变。将给药的剂量增加到每天16克/（千克体重），（相当于一个体重60千克的人，一天的用量为960克）结果实验动物未出现死亡的现象。中国农业科学院蜜蜂研究所骆尚骅在研究蜂王浆对动物急性中毒实验中发现，蜂王浆可使实验动物提高蛋白质和氨基酸的利用率，能促进动物生长，而对实验动物的血液、肝、肾功能无任何毒性作用。上述实验表明，食用蜂王浆对人体是安全的，长期食用也不会发生毒副作用。

从目前国内外的研究中尚未发现蜂王浆引起严重副作用的报道，仅日本学者1983年首次报道了因蜂王浆引起的皮炎。还有报道称，在用蜂王浆治疗过程中，有的患者出现某些不良反应，如腹泻、口干、心率加快等。福州市肺科医院中西结合蜜蜂医疗主治医师陈意柯1995年报道，一例患者因食用蜂王浆蜜出现严重变态反应。湖北襄阳一离休干部告知，他因冠心病，每次服蜂王浆 0.5 克，连续两次均有心动加速现象。至于极少数有过敏体质的人，在食用蜂王浆后，可能会产生过敏反应，出现荨麻疹和哮喘等症状，这是许多天然产物在某些过敏体质者身上出现的保护反应，只要立即停止食服蜂王浆，并给予适量的抗过敏药物后，这些过敏症状就会在一两天之内消除。

三、食用蜂王浆的注意事项

（1）食用时注意蜂王浆的质量和剂量，如王浆酒、王浆蜜等，食用前一定要搅拌均匀，保证每次食用到充分的量（保健量为每次食用鲜蜂王浆 3～5 克，治疗量为每次 20 克以上，因病酌情增减）。

（2）绝对避免用开水冲服或配兑，谨防高温破坏蜂王浆的活性物质而影响功效，用水冲服时，可用温、凉开水或矿泉水；最好是直接服用蜂王浆后喝杯温开水，既简便效果又好。

（3）食用蜂王浆贵在坚持，一定要根据治疗和保健的需要坚持天天食用，时间和剂量上都要保证，这样才能获得理想的效果。

（4）蜂王浆是一种天然营养品，本来就是蜜蜂饲喂蜂王和哺育幼虫的食物，因此它和日常各种饮食及中西药都不会发生相互拮抗作用，日常饮食依旧，无需忌口，不必担心解药或其他副作用，只要按规定方法服用即可。

（5）在用蜂王浆治疗疾病时，患者要从精神上很好地配合，对治疗要充满信心，保持乐观情绪，才能更好地发挥蜂王浆的作用而提高疗效。

四、什么人不宜食用蜂王浆

蜂王浆可以促进机体生长发育，但儿童能否服蜂王浆，要根据儿童的具体情况来确定，既不能说儿童一律不能服蜂王浆，也不能说所有儿童都能服蜂王浆。凡生长发育正常、身体健康、营养状况良好的儿童，没有必要服蜂王浆等滋补品，只要做到饮食营养均衡就可以了。生长发育和营养不良儿童服用蜂王浆有促进生长发育的良好效果，对营养不良并发症患儿尤为有效。如体质衰弱的儿童易伤风感冒，食少，口腔发炎，气喘，扁桃体发炎，精神脆弱等，服用蜂王浆 1 周后，病体就会有明显的改善，症状减少或消失，食欲增加，面色好转。意大利普罗斯派里等早在 1956 年就证实了用蜂王浆治疗婴幼儿发育不良的效果，他们通过给 42 例早产儿和体弱多病的婴幼儿服用蜂王浆，很快使患儿血红蛋白增加，血浆白蛋白恢复正常，肌肉充实，体重增加。临床实践证明，蜂王浆对病态儿童和生长停滞儿童有良好的作用，尤其是对那些患有可恢复性新陈代谢紊乱，以及因感染所致全身营养不良的儿童，效果更好。

此外，极个别人对蜂王浆有过敏反应，多表现为哮喘和荨麻疹等症状，如有发生应立即停止食用。

第三章

你身边的蜂王浆

蜂王浆（图 3-1）是一种天然食品，不必经过任何加工处理就可以直接食用，但是蜂王浆适口性较差，用量难以掌握，服用不方便，而且在室温储存条件下，蜂王浆的活性物质很难保存，只有通过科学加工成制剂，方可较好地利用和储存。因此，国内外都很重视蜂王浆制剂的研究，生产的品种也比较多。随着人们生活水平和消费档次不断提高，大家的保健意识也不断加强，蜂王浆及其制品越来越受到人们的欢迎，现将主要的蜂王浆制品介绍如下，供大家参考选用。

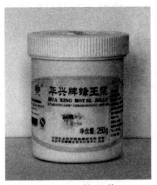

图 3-1　蜂王浆

一、鲜蜂王浆

纯鲜蜂王浆（图 3-2）是指从蜂箱中直接采集而来的未经过任何现代工艺处理的蜂王浆。这种蜂王浆一般是直接从养蜂者手中购得的鲜王浆，不加任何处理，用冰箱进行冷藏，或在温度−18℃左右的条件下保存，随用随取。近年来，服用鲜王浆者较多，为了适应消费者的需要，商家已逐渐把鲜王浆加工成应用方便的商品，放在商店中供人选购。由于从养蜂者手中买回来的蜂王浆包装容量较大，多以 6 千克的塑料桶盛放，消费者使用起来很不方便，于是国内许多商家将鲜蜂王浆解冻处理，及时过滤，除去采集时带入的蜡屑、幼虫及其他杂质，然后分装，通常为30克、50克、100克、250克、500克等塑料瓶包装。这种制品和服用方法很简便，服用时用适当餐具根据用量取出后直接服用。有的生产厂家为了消费者服用蜂王浆方便，生产5克/袋的塑料袋包装，避免了袋装蜂王浆（图3-3）反复冷冻解冻，对生物活性成分造成破坏。由于未经过加工处

图 3-2　纯鲜蜂王浆

图 3-3　袋装蜂王浆

理，因此能保持其新鲜程度，活性物质也不易被破坏，所以这种鲜王浆的质量十分稳定和可靠，近年来深受消费者的欢迎。特别适用于大剂量服用者，如癌症患者、心血管疾病患者等。尽管鲜王浆有很多优点，但其要求家庭必须有冰箱，而且出差或离家时不易携带，服用剂量不易掌握。

二、蜂王浆冻干粉

鲜蜂王浆在常温下很难保证其品质，作为食品食用起来也有诸多不便，为了克服这一缺陷，可以将鲜蜂王浆经过真空冷冻干燥，加工成蜂王浆冻干粉（图3-4），蜂王浆冻干粉完好地保留了鲜王浆的色、香、味和有效成分，而且活性稳定，可以在密封避光的容器中低温贮存2年质量不变。蜂王浆营养成分也大大浓缩，一般是3克鲜蜂王浆制成1克蜂王浆冻干粉，蜂王浆冻干粉临床效果证明与鲜王浆有比较一致的疗效，它是一种比较理想的制剂。蜂王浆冻干粉的特点是较全面地保存了蜂王浆的有效成分，在常温下保存稳定，可随身携带，服用方便，是一种比较理想的加工制剂。蜂王浆冻干粉的制作方法：

（1）原理：将鲜蜂王浆在低温（-45℃）快速冻结成固态，然后在适当的真空条件下，供给升华热，使蜂王浆中冻结的水分直接升华成水汽逸出，达到干燥的目的。因使用低温速冻，使冰晶细腻均匀地分布于蜂王浆中，在升华的过程中不会使蜂王浆出现脱水干缩的现象，避免由于蒸发产生泡沫、氧化等副作用。

（2）工艺流程：鲜蜂王浆加蒸馏水（1∶1）→充分搅拌均匀→过滤→装盘或装瓶→冷冻（-45℃以下）→真空蒸发→出盘→粉碎、分装并封口。

（3）操作要点：取新鲜蜂王浆一份，加入等量无菌蒸馏水，充分搅拌混合均匀，经100目滤网过滤，除去蜡屑、幼虫等杂质，将过滤后的蜂王浆液分装入不锈钢盘后放入真空冷冻干燥器内。第一阶段干燥（升华干燥）：升华过程。开冷冻干燥机，使干燥箱内的温度迅速降低至－45℃，随后关闭制冷系统，同时开启抽真空设备，并缓缓地向系统供热，并在预设的程序升温条件下，干燥大约 12 小时后，蜂王浆中仍含有 10％左右的水分，还不能达到蜂王浆冻干粉的质量标准，还需继续干燥。第二阶段干燥（解吸干燥）：常温干燥过程的温度以30～40℃为宜；当温度提高时，蜂王浆中的水分由于饱和蒸汽压提高，与冷凝器的蒸汽压差大大增加，使得蜂王浆中残留水分溢出，当干燥器内蜂王浆的含水量下降到 2％左右时，即可关闭系统，这一阶段需要 4～6 小时。出料：由于蜂王浆冻干粉吸湿性强，粉碎、分装和封口操作时要求在相对湿度低于60％的条件下，在无菌操作间内快速完成各项操作。成品分装入铝箔袋或塑料袋后抽真空封口或抽真空后充氮气封口，封口一定要严密，并置于避光干燥处储存。

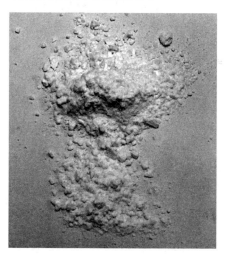

图 3-4　蜂王浆冻干粉

三、蜂王浆口含片

片剂为常用的固体制剂之一，具有剂量准确、体积小、携带和储运方便、生产的机械化和自动化程度高等优点。由于蜂王浆冻干粉易吸潮，包衣能起到较好的防潮作用。蜂王浆口含片（图 3-5）以蜂王浆冻干粉为原料，乳糖为稀释剂，硬脂酸镁为润滑剂，羟丙甲纤维素、聚乙二醇 4000、二氧化钛、滑石粉、柠檬黄等为包衣辅料制成的包衣片剂。

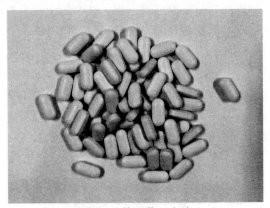

图 3-5　蜂王浆口含片

工艺流程：过筛→混合→压片→包衣→包装。

操作要点：

原辅料的前处理：蜂王浆冻干粉过 40 目筛，备用。二氧化钛、滑石粉分别过 100 目筛，备用。

混合：按配方比例称取原辅料，将蜂王浆冻干粉与乳糖、硬脂酸镁放入混合机中，总混 30 分钟，得总混料，备用。

压片：将总混料用高速压片机压片。压片生产时根据实际情况调节压力、片重，使压出片符合规定。

包衣：1) 按比例取包衣材料，制备包衣液；2) 将素片过筛除尘；3) 将锅体预热，放入素片；4) 喷膜；5) 喷膜结束，关闭喷枪，将包衣锅转速调慢，保持原有温度不变，干燥 15 分钟；6) 关闭热风系统，待片冷却后，即可出锅；7) 包衣片出锅后，及时密封存放。

四、蜂王浆胶囊

蜂王浆胶囊是我国生产较早的一个剂型，按外壳的性质分为硬胶囊和软胶囊两种。硬胶囊填装的是固体物料；软胶囊主要填装非水溶性液体（主要是油状）物料。

1. 硬胶囊　蜂王浆硬胶囊（图 3-6）内装填的是蜂王浆粉剂，是将王浆冻干粉中加入一些适宜的食品或药品（淀粉、人参皂苷粉等）的混合物。装填的方法可以是手工操作，也可以用半机械化的操作，还可以用全自动的机械装填操作。目前，随着自动化技术的不断发展，硬胶囊自动填充机优势异常明显，由于设备操作简单，产品质量有保障，生产效率大大提高，而且设备成本也大大降低，已经逐渐被多数厂家认可。

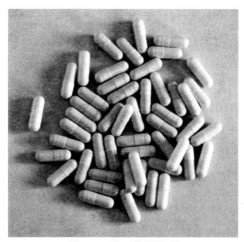

图 3-6　蜂王浆硬胶囊

操作要点：

将鲜蜂王浆过滤，除去蜡屑等杂质，放入冷冻干燥机内，制成冻干粉，取出，粉碎。过 100 目筛，备用。将党参、五味子和枸杞子切片后加适量的水煮沸提取 3～4 次，合并提取液，将烟酰胺、维生素 B_1、维生素 B_2，加入提取液中，搅拌均匀，待完全溶解之后，将此混合液浓缩至干，粉碎，过 100 目筛。将蜂王浆冻干粉与药物提取物干粉混匀后，用手工或用胶囊机填装胶囊，检查剔除次品，将胶囊外壳清理干净后装瓶或装板，贴标签后入库。

2. 软胶囊 软胶囊又称弹性胶囊或胶丸，因为盛装物料的胶囊壳，含有一定量的甘油等物质，富有弹性，比硬胶囊壳软，因此而得名。制作软胶囊需要一定的设备，因为与硬胶囊的两个半壳组成一粒胶囊不一样，软胶囊的外壳成型与物料的填装几乎是同时完成的，整个软胶囊是一个密封的整体，因此要用专门的设备进行生产，可以将蜂王浆干粉制成食用油状的悬浮液作为装填物，加工成蜂王浆软胶囊（图 3-7）。下面介绍一种西洋参蜂王浆软胶囊的配方及制备方法。

操作要点：

配料：配料过程保持环境温度 20℃，相对湿度 60％以下；将山茶油、西洋参粉、蜂王浆冻干粉投入配料罐内进行搅拌，搅拌速度为每分钟 100 转，搅拌过程中，每隔 5 分钟进行均质 5 分钟，均质过程中，均质乳化机的转速为每分钟 3 500 转，至物料混合均匀为止，得 A 品。

化胶：化胶过程中保持环境温度 28℃；将明胶、甘油、水经筛选、消毒后投入化胶罐内混合，并进行搅拌，搅拌速度为每分钟 100 转；搅拌过程中，保持化胶罐温度在 80℃左右，对物料进行加热，加热 30 分钟；加热完成后，保持化胶罐 0.07 兆帕的真空度，并使化胶罐内温度保持 85℃，真空状态下保持 20 分钟，得 B 品。

压丸：把 A 品和 B 品按常规的压丸工艺进行压丸。压丸过程中，保持环境温度 26℃，相对湿度 55％，得 C 品。

洗丸：将压成的胶丸 C 用食用酒精进行清洗，得 D 品。

干燥：干燥过程保持环境温度 30℃，相对湿度 40％以下，经过称重后确定含水率，合格后干燥完成。

挑丸：挑丸过程环境温度保持 20℃，环境相对湿度 50％以下，挑出不合格胶丸。

包装：挑丸过程环境温度保持 20℃，环境相对湿度 50％以下，将合格胶囊装袋后得成品。西洋参蜂王浆软胶囊能完好地保留蜂王浆和西洋参的有效成分，具有滋补强壮、提高免疫力、促进人体新陈代谢的特点，同时产品便于携带、使用方便、无任何毒副作用。

图 3-7　蜂王浆软胶囊

五、蜂王浆蜜乳

蜂王浆蜜乳是把鲜王浆和纯蜂蜜均匀地混合在一起制成的一种液体剂型，不添加任何防腐剂。该产品加工方法简单，成本低，服用方便，液体剂型有利于人体吸收，在 20 世纪 80 年代，我国城乡家用电器使用不普遍的时期，蜂王浆蜜乳是国内市场上很受消费者欢迎的一个品种。蜂王浆蜜乳的特点是利用蜂蜜来保护蜂王浆的各种有效成分，它将蜂王浆和蜂蜜的优点综合在一块，克服了蜂王浆常温下不易保存和口感不好的缺点。蜂王浆蜜乳中纯蜂王浆含量较低，一般只有 5％～20％，现以每千克成品中含蜂王浆 50 克的蜂王浆蜜乳的配制方法为例，说明此种剂型的配制方法。

操作要点：

1. 首先将蜂蜜加热到45℃（蜂蜜出现结晶，需要进行破晶处理），然后选用60目过滤网进行粗滤，将蜂蜜中的蜡屑、死蜂等杂质滤去，再用150目过滤网进行精滤，将蜂蜜中的微颗粒状杂物彻底除去，最后用巴氏灭菌法对精滤后的蜂蜜进行灭菌处理。

2. 鲜王浆加入适量的食用酒精稀释。用60目尼龙纱网过滤，将蜡屑、幼虫等杂质除去。

3. 将蜂王浆加入蜂蜜处理罐中混合，搅拌4~5小时，搅拌过程进行抽真空处理，将混合液中气泡除去。

4. 将搅拌均匀的蜂王浆蜜乳分装，贴上标签，在避光、阴凉、干燥环境下存放。鲜王浆相对密度比蜂蜜小，在操作不当时，成品在放置一段时间后，蜂王浆可能会上浮，形成一些泛白色的点状物。发现这种情况时，食用前应先摇匀后再服用。本品每毫升含鲜王浆50毫克，每天早晚空腹时各服一次，每次服用10~15克为宜。制作蜂王浆蜜的几个关键是：首先蜂蜜要进行破结晶处理；其次蜂王浆预先用食用酒精溶解，这样就能使蜂王浆充分而均匀地分散开，不会有团块存在；最后，蜂蜜与蜂王浆的混合要充分，这样配制出来的蜂王浆蜜乳可存放较长时间不会分层。

六、蜂王浆口服液

蜂王浆口服液是以新鲜蜂王浆辅以其他具有滋补营养作用的食品或中草药的提取物加工而成，不仅能较好地保持蜂王浆的有效成分，提高了食用价值和商品价值，还克服了蜂王浆的口感不好，不易在常温下储存，携带不方便等缺陷。蜂王浆口服液较好地保持了蜂王浆的有效成分，调整了产品的色、香、味，提高了使用价值和商品价值，适合老年人、儿童服用。下面简要介绍几种蜂王浆口服液的生产方法：

1. 北京蜂王精口服液　北京蜂王精是 20 世纪 60 年代中后期，北京第四制药厂与有关单位联合研制的高级营养滋补剂，它由蜂王浆和党参、五味子、枸杞子等中草药的提取物配制而成，以药液澄明，药性温和，甜而不腻，疗效显著而饮誉海内外。

操作要点：

（1）将党参、五味子和枸杞子切片后混合，用酒精进行加热浸提，提取 3 次，合并提取液经适当浓缩，待用。

（2）将蜂王浆用少量浓度 30％左右的酒精液溶解，经 120 目筛过滤，滤液与上述药物提取液混合，同时加入蜂蜜、维生素等组分，充分搅拌混合，静置，待沉淀完全后，弃沉淀物，取上清液用 120 目滤布过滤。

（3）收集滤出液，分装，进行巴氏灭菌，检验、贴标签、装盒、入库。

2. 人参蜂王精

操作要点：

（1）把人参切碎。用乙醇蒸馏 4～6 小时，回收乙醇，将提取物过滤，去渣，滤液留着备用。

（2）用乙醇将蜂王浆稀释（蜂王浆：乙醇＝1：3），经充分搅拌后过滤，滤液留着备用。

（3）用水将蜂蜜按 1：1 稀释，搅匀，用 120 目网过滤，滤液经高温巴氏灭菌，冷却后备用。

（4）将人参、蜂王浆、蜂蜜的滤液按配方比例混合搅匀，静置 2 小时后过滤。滤液在低温下冷冻 24 小时，再过滤，获得透明的双宝素液。

（5）清洗干净安瓿瓶，放进烘箱内烘烤（灭菌）干，取出冷却后即可使用。

（6）将双宝素液用安瓿瓶分装机分装后，封口，包装成成品。

3. 纯天然蜂王浆口服液　纯天然蜂王浆口服液是在王浆蜜基础上研制的，由优质蜂王浆和优质蜂蜜精制而成。其特点是不含任何化学添加剂（防腐剂、香精、色素等），完全保持纯天然状态。产品在室温存放一年，不分层，不发苦，不长霉，不结晶，保质期可达一年半。

操作要点：

（1）蜂蜜预处理：将蜂蜜加入水浴锅（夹层锅）中，70～80℃保持30分钟，用100目筛网过滤、备用。

（2）蜂王浆预处理：先将蜂王浆用研钵研磨1小时，速度为每分钟120转，或用胶体磨研3分钟，使其乳化，便于混合，然后用120目筛网过滤、备用。

（3）混合：将处理好的蜂蜜、蜂王浆加入搅拌机中，再加适量天然防腐剂，搅拌15分钟。检样。取搅拌15分钟后的半成品数滴，置手持测糖仪测定含糖量。若含糖量在61％～63％为合格品；若含糖量超过63％，可酌情加入蒸馏水；若含糖量低于61％，可酌情加入备用蜂蜜，搅拌数分钟后再测定其含糖量，直到达标为止。

（4）过滤：将混合好的产品用120目筛网过滤。

（5）静置：将过滤好的产品在容器内静置一昼夜，使其搅拌时产生的机械泡沫上浮，便于装瓶前除去。

（6）装瓶：将洗净烘干后的瓶子用浓度75％的酒精进行瓶内表面消毒。

（7）贴标、入库，在低温下保存。

七、蜂王浆花粉晶

蜂王浆花粉晶是以蜂王浆、蜂花粉、蜂蜜为主要原料，辅以蔗糖、奶粉等经科学方法加工而成的高级营养冲剂。该产品保持了蜂王浆、蜂花粉、蜂蜜的天然营养成分和风味，经常饮用，可消除疲劳，提神助食，促进生长发育，延缓衰老，增强身体的免疫力等功能。蜂王浆花粉晶的生产加工技术如下：

操作要点：

（1）将鲜蜂王浆和蒸馏水按 1∶1 的比例进行稀释，充分搅拌均匀后用 100 目尼龙网过滤；将蜂花粉经过筛选、去杂和干燥后，使其水分含量低于 6％，用微波灭菌，用气流粉碎设备破壁；将蜂蜜加热（70℃左右）使其液化破除结晶核，除去泡沫，过 100 目滤网，除去杂质；将蔗糖研磨成细粉，过 100 目筛，淀粉、奶粉过 100 目筛。

（2）把过滤后的蜂蜜加入配料罐内，开启搅拌设备后慢慢加入蜂花粉，混合均匀后，再加入蜂王浆稀释液，继续搅拌均匀后，再依次加入奶粉、淀粉、糖粉等原料，充分搅拌使料液混合均匀。

（3）然后将配好的料液倒入制粒机内，制成符合需要的颗粒，再将其慢慢地铺在筛盘上（厚度不宜太厚），置于 45℃左右的干燥箱内烘干，烘干后的颗粒用适当的筛网选出合格的颗粒。

（4）把选出的颗粒摊平后喷上香精，混合均匀后立即加盖密闭一段时间。

（5）经检验合格后，分装贴标签，包装后入库保存。

八、蜂王浆酒

1. 蜂王浆白酒　鲜王浆酒是用粮食白酒和优质蜂王浆按比例勾兑而成，它具有舒筋活血，治病强身等功效。自制蜂王浆酒不需要特殊工艺和设备，加工成本低，可以取低度粮食白酒 500 克，加入鲜王浆 50 克，充分搅拌使其溶解即可。自制王浆酒在加入王浆后有混浊现象，如果供个人食用，只要喝前摇匀就行。如果产品要在市场上销售，在配制时应先用少量白酒和鲜王浆混合，静置，待完全沉淀后，取上清液。再将沉淀物加酒，搅拌后静置，沉淀后再取上清液，反复几次，然后去掉滤渣，用上清液兑制所需要量的酒。蜂王浆白酒大多是用食用酒精或白酒浸泡蜂王浆后再配制而成，酒度高，风味及有效成分较差。武汉市神虫液蜂蜜酒业有限公司吴克华等克服了不能采用蜂王浆酿酒的偏见，研制了一种发酵法酿制蜂王浆酒，这种蜂王浆酒并非简单用蜂王浆和白酒勾兑制成，它提供了一种酿造蜂王浆酒的方法。

操作要点：

（1）将 10 千克糯米淘洗干净，水滤干，加温蒸成熟饭；

（2）熟的糯米饭加入 0.5 千克酵母拌匀；

（3）上述基础上加入 15 千克纯净水封存发酵；

（4）过 10 小时发酵后，将纯蜂蜜 70 千克加入其中，密封；

（5）经过 3 天发酵后，将蜂王浆 5 千克加入其中，密封 40 天；

（6）过 400 目筛，滤出沉淀，滤液即为蜂王浆酒。

该法酿制过程中除蒸糯米外，全部都在常温常压下进行，不需任何添加剂和特制的灭菌消毒程序，保留了蜂王浆原有的营养成分、药用价值、生物活性及其对人体生理机能的全面调节平衡作用。不同年龄、性别、体质的服用者都能收到相同的吸收效果。

2. 蜂王浆人参酒　称取成熟蜂蜜 25 千克，加水稀释 3 倍后，加乳酸调 pH 到 4.0～6.0，再加入蜂王浆 1 千克，充分搅拌混合均匀后，保持温度 36℃ 的条件下，接种啤酒酵母和米曲露的培养液各 1 升，使之发酵。通过发酵，蜂王浆溶解在发酵液中，并使发酵液中的糖分转化为酒精。待发酵结束后过滤，除去杂质并把酵母分离出去，然后加入人参提取液（人参用 40% 酒精进行浸提），充分混合后再加入 200 个装有鲜王浆的王台和山栀子 100 克，在 20℃ 的条件下经过了 12 个月的陈酿后，取出山栀子，分装入小坛或暗色瓶内。每坛（或瓶）加放一条人参和两个王台，密封坛口即酿成蜂王浆人参酒。山栀子对肝脏病和黄疸病有功效，又是天然色素，王台本身含有腮腺激素，也是一种色素，所以加入山栀子和王台。既可强化酒的功效，又可调整酒的色泽和风味。此酒发酵必须同时加入上述两种微生物，由于蜂王浆中有些成分对酵母有抑制作用，所以只加酵母时不能进行发酵，在加酵母的同时加入米曲发酵才会正常。而且该酒的酿制法可以保证蜂王浆成分的充分溶解，还可以消除苦味和其他异味。通过以上方法酿制成的蜂王浆人参酒，功效高，酒度低，色、香、味俱佳，适应于老人及病后体力恢复者服用，有强身健脑、提神益智的功效。

3. 蜂王浆葡萄酒　将葡萄汁打入主发酵罐，补加白糖使糖度达到 25 度左右，在 15℃ 的温度下进行主发酵。经过 15～20 天的发酵，发酵液酒精达 11 度，糖 5 度，然后通入 100～200 微升/升的 SO_2 气体，抑制酵母和其他细菌的生长。静置 5 天使酵母和不溶性物质沉淀，用虹吸法将发酵液抽出，经过滤器过滤。然后将酒液打入老熟罐，降温至 −10℃ 放置两天，使过量的酒石析出并分离出去。然后将温度提高到 5℃，加入蜂王浆进行搅拌，保持 24 小时后将温度提高到 25～30℃，在搅拌条件下保持 4 小时，然后再冷却到 0～5℃，冷处理 24 小时，这样的高低温处理要反复 4～10 次，最好是 4～6 次，这样就可以保证蜂王浆的各种成分在不受任何损害的条件下，充分混酿进葡萄酒中，使蜂王浆的营养价值和功效得以充分发挥出来。用此法酿制的蜂王浆葡萄酒，既有葡萄液的美味，又有蜂王浆的功效，是老少皆宜的滋补珍品，强身健体，美容颜面，对妇科月经不调、不孕症有较好的疗效。

九、蜂王浆美容膏

天然蜂产品用于美容，在日本风靡一时，蜂王浆中含有多种营养物质，能够促进皮肤细胞的新陈代谢，使干燥、松弛的皮肤变滑嫩、有弹性，可以改善皮肤的营养状况，增强细胞的活力，可以防止皮肤炎症，祛除黑色素和细小皱纹等。

操作要点：将破壁蜂花粉、β-环糊精，在搅拌下加到蜂蜜中，最后加入蜂王浆，搅拌均匀后，盛入避光密闭的容器中，即可使用。使用方法：充分清洁面部后，用手指蘸少量美容膏均匀地涂在脸上，20 分钟后，用清水洗净，涂上护肤霜即可，一周 3 次。

第四章

蜂王浆最新研究进展

蜂王浆是由5～15日龄工蜂的头部王浆腺（咽下腺和上颚腺）分泌而来，用于饲喂蜂王及幼虫的一种特殊乳浆状物质，又称蜂乳、皇浆等。其珍稀名贵，成分复杂，有着较强的保健功能和奇异的医疗效用，是介于食品与药品之间的纯天然保健食品。人们越来越多地认识到了蜂王浆的生物学作用和医疗价值，也引起广大蜜蜂饲养人员、科研工作人员和医学工作者的极大兴趣，对其进行了大量的研究和临床应用。蜂王浆具有活化细胞，促进内分泌、增强食欲、增加体力、防衰老、益智、安神、抗菌、抗癌、抗辐射等多种生理活性作用，因此近年来含有蜂王浆成分的多种药品、保健食品和化妆品等产品不断出现，成为国内外市场上主要的营养品之一。目前国内外对蜂王浆的化学成分，生理和药理作用，临床应用以及各种新产品开发等做了大量研究工作。

一、蜂王浆的化学成分研究

蜂王浆 pH 为 3.5～4.0，属酸性物质，化学成分十分复杂，含蛋白质、多种氨基酸、脂肪酸、糖、维生素、激素、乙酰胆碱、胰岛素等有机成分及多种无机物质。蜂王浆中几乎含有了所有的对人体和动物机体具有营养价值的成分，新鲜蜂王浆中的各成分含量大致为：水分 63.5%～70.0%，干物质 30%～37.5%，其中以蛋白质含量最多，矿物质及各种维生素为 1.0%。此外，还有一定量的未知物质。

　　有关蜂王浆化学组分尤其是蛋白质的研究一直是蜂王浆研究的重点，这些基础研究为蜂王浆的生物学活性研究以及质量评价与控制奠定了理论基础。蛋白质的表达后修饰对蛋白质的功能和性质有着重要的影响，质谱等检测技术的快速发展，使得对蛋白质的进一步深入研究成为可能。

　　目前，占蜂王浆总蛋白含量82％～90％的5种主要蛋白质（MRJPs，MRJP1-5）已经对其cDNA进行了克隆纯化和测序，并进一步研究发现，这些蛋白之间的氨基酸序列同源性为60％～70％。中国农科院蜜蜂研究所李建科研究团队对蜂王浆蛋白质的组成进行了深入的研究，在蜂王浆中共检测到42种蛋白，分别属于YELLOW/MRJP家族、代谢相关蛋白、健康促进蛋白、发育相关蛋白和未知蛋白；其中13种是首次发现的分泌蛋白，包括和王浆主蛋白（MRJP）有着极大关联的yellow-e3蛋白前体，6种有着健康促进功能的蛋白质，5种在代谢过程中有着重要作用的蛋白质以及可能参与级型分化的protein CREG蛋白；进一步检测蛋白的糖基化修饰，总共发现了位于25种糖蛋白上的53个糖基化位点，其中42个位点是首次报道，这一表达后修饰可能与蜂王浆蛋白质成分的功能有着密切的联系。该研究团队还对东方蜜蜂（*Apis cerana*）和西方蜜蜂（*A. mellifera*）蜂王浆蛋白质的磷酸化进行了研究和比较，在西方蜜蜂王浆中共找到67个磷酸化位点，位于16种磷酸化蛋白上，而在东方蜜蜂的王浆中，共发现9种磷酸化蛋白，含有71个磷酸化位点；这些磷酸化蛋白中有8种同时存在于两个蜂种的王浆中，包括MRJP1-5、MRJP7、icarapin和defensin，但磷酸化位点的数量和位置有差异；同时，东方蜜蜂蜂王浆中这8种蛋白的丰度显著高于西方蜜蜂蜂王浆；研究结果进一步揭示不同蜂种蜂王浆的差异。为了进一步研究磷酸化对蛋白功能的影响，他们进一步对Jelleine－Ⅱ（TPFKLSLHL）和它的两种磷酸化产物的抗菌能力进行比较研究，结果显示，磷酸化对蛋白质的效力有影响且不同磷酸化位点的影响并不相同。

日本的研究团队首次报道了蜂王浆中特有蛋白成分 apisin 的检测方法及其在蜂王浆中的含量。检测结果显示，这一蛋白在多个蜂王浆样本中含量稳定（4%左右），且在 4℃ 保存条件下，一年内含量基本维持不变。

蜂王浆中含有大量活性蛋白质，如胆碱酯酶、葡萄糖氧化酶、淀粉酶、脂肪酶、转氨酶和超氧化物歧化酶（SOD）等，这些酶都对人体有极其重要的生理功能。科学家曾对目前我国市场上的蜂王浆中的蛋白质进行过系统的检测，发现其中粗蛋白含量为 26.47%～43.10%，其中水溶性和非水溶性蛋白质含量比约 9∶1，结合氮和非结合氮含量之比为 6∶1，摩尔质量大于 60 000 的蛋白质居多。另外，日本境内的蜂王浆样品中，游离氨基酸主要以脯氨酸（21.96%）和赖氨酸（13.56%）居多，波兰境内蜂王浆样品的蛋白质含量的变动范围为 13.56%～15.72%。当然，蜂王浆中的氨基酸和蛋白质含量均会因不同年份的蜜源种类不同而出现差异。

蜂王浆含有 20 多种氨基酸，包括了全部人体必需的氨基酸。氨基酸约占蜂王浆干重的 0.8%，包括赖氨酸、组氨酸、精氨酸、天门冬氨酸、苏氨酸、异亮氨酸、丝氨酸、谷氨酸、脯氨酸、甘氨酸、丙氨酸、缬氨酸、亮氨酸、酪氨酸、苯丙氨酸、胱氨酸等，其中脯氨酸含量最高，占总氨基酸的 60% 以上，其次为赖氨酸，占 20%，精氨酸、组氨酸、酪氨酸、丝氨酸、胱氨酸含量也较高。新鲜蜂王浆和冷冻干燥的蜂王浆中氨基酸的含量无明显不同。

蜂王浆中所含游离脂肪酸达 26 种以上，如壬酸、十一烷酸、十二烷酸、十四烷酸、十六烷酸、十八烷酸、亚油酸等，以 10-羟基-2-癸烯酸（10-HDA）最为重要，又称王浆酸，该成分的量占脂肪酸重量的一半以上，是蜂王浆中含量最高的脂肪酸，具有抗菌、抗病毒、抑制癌细胞生长的多种功效。10-羟基-

2-癸烯酸并未在其他天然产物中发现，因此国内外都把它作为鉴定蜂王浆质量的主要指标之一。10-HDA 在蜂王浆中的含量为 1.4%～2.5%，掺假的蜂王浆制品可依据该物质指标检出，另外，蜂王浆制品的生产过程中，投入原料虽多，但制备过程中损失率高的生产工艺也可以依据 10-HDA 指标进行评价。

糖类占蜂王浆的 20%～39%，其中各种糖的含量为：葡萄糖 45%、果糖 52%、麦芽糖 1%、龙胆二糖 1%、蔗糖 1%。蜂王浆中还含有核酸，其中 RNA 含量为 3.9～4.8 毫克/克湿重。此外，蜂王浆中还含有类固醇，磷脂和糖脂类（包括神经鞘磷脂、磷脂酰乙醇胺和神经节苷脂），多种维生素，酶类和钾、钠、钙、镁、铜、铁、锌等无机元素。

此外，西班牙阿尔梅利亚大学 López-Gutiérrez 等利用 TurboFlowTM-LC-Orbitrap-MS 方法，对蜂王浆中多酚成分进行了检测，发现 15 种多酚成分，其中阿魏酸是含量最高的酚酸类物质（12 946～18 936 微克/千克）。

山东农大胥保华教授团队对不同日龄取得的工蜂浆和蜂王浆的成分进行分析，采集了 2 日、3 日、4 日的工蜂浆和蜂王浆以及 5 日工蜂浆，此外还采集了幼虫 2 日龄、3 日龄和 4 日龄当天工蜂分泌的王浆，检测了这些样品的基本组成和微量元素含量。结果显示，2～4 日的工蜂浆含水量均显著高于同日龄的蜂王浆，而蜂王浆的总蛋白、10-HDA、果糖和葡萄糖含量则显著高于工蜂浆；同时幼虫 2 日龄时工蜂蜂王浆的营养成分显著高于 3 日龄和 4 日龄时的蜂王浆。

二、蜂王浆的生物学活性研究

王浆酸是蜂王浆特有的活性成分，因此，王浆酸含量高低一直作为全球蜂王浆贸易中衡量质量及辨别真伪的最主要的指标。目前，用裂解蓖麻油化学合成王浆酸的工艺技术已非常成熟。长期以来，对王浆酸的功能已有大量研究报道，主要包括抑菌、降血脂、抗肿瘤、免疫调节等。学者报道，王浆酸能强烈地抑制细菌、真菌的生长，并具有杀死细菌的作用，对炎症早期的血管通透性、组织液渗出以及水肿都有明显的抑制作用；低浓度的王浆酸对金黄色葡萄球菌、链球菌、变形杆菌、大肠杆菌、枯草杆菌、结核杆菌、星状发癣菌、表皮癣菌等有抑制作用，高浓度时有杀灭作用。但其抗菌作用比青霉素小4倍，比氯霉素小5倍。此外，王浆酸能抑制应激性溃疡及幽门结扎型胃溃疡的形成，促进醋酸性胃溃疡的愈合，并能抑制胃酸分泌，增强胃黏膜细胞保护作用。

塞尔维亚国防大学 Mihajlovic 等对蜂王浆脂肪酸的免疫调节功能进行了进一步的研究，用 10-HDA 和 3，10-DDA 处理外周血单核细胞（PMBCs），两者均表现出剂量相关的免疫调节能力；在高浓度（500 微克）下这两种脂肪酸都会抑制细胞的增殖，并降低 IL-2 的生产，在这一浓度下 10-HDA 还会抑制 PMBCs 生产 IL-1β 和 TNF-α，在这一浓度下 3，10-DDA 并不会影响细胞因子的生成。

浙江大学首次报道了蜂王浆中三种脂肪酸（10-HDA、10-HDAA 和 SEA）的显著抗炎效果和相应作用机制。有趣的是，这三种脂肪酸虽然在结构上高度相似，但在抗炎过程中调控的信号通路却不尽相同；10-HDAA 和 SEA 能通过抑制 p-p65 来抑制 NF-κB 通路的激活，而 10-HDA 对这一蛋白的磷酸化没有显著影响，此外只有 SEA 表现出了抑制 p38 和 JNK1/2 激活的效果。Makino 等则报道了蜂王浆中三种成分（10-HAD、10-HDAA 和 SEA）和一种 10-HDA 衍生物（4-HPO-DAEE）对细胞外超氧化物歧化酶（EC-SOD）表达的影响。三种蜂王浆脂肪酸能通过抑制组蛋白脱乙酰酶影响 EC-SOD 启动子区域组蛋白 H4 的乙酰化，进而显著提高 EC-SOD 的表达；而 4-HPO-DAEE 能同时提高启动子区域组蛋白 H3 和 H4 的乙酰化，从而表现出了更强的促进 EC-SOD 表达的能力。EC-SOD

在对抗超氧化物导致的血管壁损伤等过程中起着重要的作用，蜂王浆中这几种脂肪酸对 EC-SOD 的表达的促进作用显示，这三种物质在动脉粥样硬化等心血管疾病的治疗过程中可能能起到良好的作用，而 10-HDA 衍生物的良好功效意味着蜂王浆中功能性脂肪酸的衍生物可能也有着良好的应用前景。

尽管蜂王浆中蛋白质和多肽含量很高，但长期未受重视，迄今也未被列入国内王浆产品标准。但近十年来，蜂王浆活性蛋白和多肽的营养保健功能正成为国际上的研究热点。已发现 Royalisin 和 Jelleines 两种抗菌肽，Royalisin 对革兰氏阳性菌有较强的抑菌活性。巴西学者 Cabrera 等结合分子动力学和实验结果，对抗菌肽 Jelleine 的作用机制进行了详尽而深入的分析。已有研究发现 Jelleine 的 N 端残基对其抗菌功能有着极大的影响，因此 Cabrera 等通过分子动力学模拟的方法对 jelleine1-4 的抗菌能力进行分析比较，发现与 jelleine1 N 端的脯氨酸残基相比，jelleine2 和 jelleine4 N 端的苏氨酸残基和 jelleine3 N 端的谷氨酸残基会吸引更多水分子，进而降低与细菌细胞膜的亲和性；进一步对 jelleine1 的作用机制进行深入研究，并结合细胞膜模型试验和分子动力学模拟后发现，jelleine1-4 会和细胞膜磷的头部基团结合，然后相互聚集，最终导致细胞膜破碎。这一研究让我们对蜂王浆中肽类成分功能和作用机制有更深入的认识。

鲜王浆的水提成分（WSR）和碱提成分（ASR）能清除实验样品中的羟基自由基，显示出抗氧化和清除活性氧能力；用胃蛋白酶和木瓜蛋白酶酶解鲜王浆可获得 $20\%\sim26\%$ 的具有抗氧化活性的水溶性蛋白，作用强于未做酶解的王浆水提成分和碱提成分。王浆粗蛋白能够促进离体培养的昆虫细胞生长，效果优于牛血清蛋白，而对离体培养的人体 Hela 肿瘤细胞则显示细胞毒性。

2006 年，西方蜜蜂（*Apis mellifera*）全基因组测序分析结果公布，蜜蜂成为继黑腹果蝇（*Drosophila melanogaster*）、按蚊

（*Anopheles gambiae*）和家蚕（*Bombyx mori*）之后第四种加入基因组测序俱乐部的昆虫。作为蜜蜂基因组研究的九项成就之一，王浆主蛋白 MRJPs 家族的 9 个成员（MRJP1~MRJP9）间的分子进化关系得到研究分析；通过对家族基因、分子结构和功能的研究，得到许多重要的科学发现。MRJPs 包含大量的人体必需氨基酸，在蜜蜂营养中有着重要作用，其中分子量为 56 000~57 000 道尔顿*的 MRJP1 是最丰富的糖蛋白，占王浆水溶性蛋白的 48%。MRJP1 的 mRNA 在新羽化蜂、哺育蜂、采集蜂头部有不同表达，多在咽下腺分泌，并能在大脑中发挥调控作用。

日本学者 Kashima 等首次报道蜂王浆中 MRJP1 是一个具有降低胆固醇功能的蛋白。他们首先使用胆汁酸共轭柱对蜂王浆蛋白进行分离，发现 MRJP1-3 具有胆汁酸结合功能；体外研究发现，MRJP1 还具有牛磺胆酸盐结合功能，并能降低胆固醇胶束的溶解性及 Caco-2 细胞对胆固醇的吸收；将 MRJP1 用于饲喂小鼠，结果显示，肝脏的胆固醇分解代谢增强，胆汁酸和胆固醇的排泄显著增加，其功效甚至要好于 β-谷甾醇。

日本北海道大学 Moriyama 等研究了温度对 MRJP1 低聚物生物学活性的影响。他们首先比较了 MRJP1 低聚物、MRJP2、MRJP3 的促细胞生殖能力，结果显示只有 MRJP1 低聚物具有促细胞增殖的能力，进一步对 MRJP1 低聚物进行热处理（56℃、65℃和 96℃）细胞实验，发现对不同的细胞系，热处理的 MRJP1 的增殖效果并不一致，这 4 种 MRJP1 样品对白细胞都表现出了一定的促增殖能力，只有 96℃处理的样品显著下降；而对 IEC-6 细胞系，热处理 MRJP1 的促细胞增殖能力均显著降低。这显示 MRJP1 低聚物促生长功能的热稳定性随细胞的不同而变化。

中国农科院蜜蜂研究所报道了 MRJP1 抗高血压功能的作

---

* 道尔顿为非法定计量单位，1 道尔顿＝1.660 538 86×10⁻²⁷千克。——编者注

用机制，采用慢病毒载体，首次将 MRJP1 基因转入小鼠平滑肌细胞（VSMC）的基因组中，成功制备了能内源性表达 MRJP1 的小鼠平滑肌细胞。与对照组相比，转入 MRJP1 基因后，VSMC 的迁移和增殖都明显受到了抑制；进一步的蛋白质组分析显示，VSMC 的蛋白表达发生了明显的变化，有超过 600 个蛋白的表达明显下调，包括多个与 VSMC 收缩相关的蛋白和多个与细胞增殖相关的蛋白。这表明 MRJP1 可能通过降低平滑肌细胞的收缩能力来降低血压。

蜂王浆的抗衰老作用一直是其功能研究的一个热点。比利时学者 Detienne 等将 royalactin 用于线虫（*Caenorhabditis elegans*）的研究，结果显示，接受 royalactin 的线虫寿命明显延长，这也是首次在非昆虫模式生物上报道 royalactin 的抗衰老功能；进一步比较了多种处理对 royalactin 的影响发现，酶解的 royalactin 失去延长寿命的功能，而去糖基化或稍微加热对其功能没有影响；基因敲除显示 EGFR 信号通路中的 lin-3（EGF）和 let-23（EGFR）是 royalactin 起效的重要一环。波兰学者 Pyrzanowska 等对蜂王浆在提高老年小鼠空间记忆能力方面的作用进行了研究，使用水迷宫来检测小鼠的空间分辨能力，结果显示，长期服用蜂王浆后小鼠的空间辨别能力有一定的提高；之后的解剖显示，长期服用蜂王浆会影响脑部神经递质，例如前额皮质的 5-羟色胺等一元胺。以上结果显示了蜂王浆在老年人的保健方面有着极高的应用价值。

果蝇是一种常用的模式生物，美国北卡罗来纳州立大学 Shorter 等将其用于蜂王浆的保健功能机制研究，使用含蜂王浆 0%、10%、20%、30%、40%、50%、60% 和 70% 的饲料来饲养果蝇。他们首先研究了蜂王浆对果蝇健康指标的影响，测定了果蝇的存活率、体重、发育时间、体长和后代数量等指标，结果显示蜂王浆对果蝇的健康指标有着一定的影响；接着使用基因芯片比较了含 0%、20%、50% 和 60% 蜂王浆饲粮对果蝇基因表达谱的影响，结果表明蜂王浆对果蝇的基因表达有着明显的影响，但主要集中于生物合成与解毒功能，可能与添加蜂王浆导致的营养过剩有关。

韩国庆熙大学 Jeon 和 Cho 研究蜂王浆对外表皮保水的作用，他们设置了 4 个实验组，给衰老小鼠模型分别饲喂正常日粮（对照组）、控制日粮（控制组）和含有蜂王浆的控制日粮（实验组），饲养 16 周后发现饲喂蜂王浆的实验组小鼠表皮含水量显著高于控制组，且多个与神经酰胺合成相关的酶表达量均有提升。

土耳其学者 Saral 等使用肝损伤小鼠，检验了多种蜂产品的抗氧化和保肝作用，结果显示蜂王浆具有良好的抗氧化功能和保肝作用。乌克兰学者 Mamchur 等比较吡拉西坦、白藜芦醇和蜂王浆丙二醇提取物对患有代谢综合征小鼠的作用，结果发现蜂王浆提取物和白藜芦醇能有效改善患病小鼠的症状。土耳其学者 Karaca 等评估蜂王浆免疫调节能力，使用 2，4，6 三硝基苯磺酸构建小鼠结肠炎模型并饲喂蜂王浆，结构显示蜂王浆能有效抑制促炎因子 IL-1β 和 TNF-α 的生成，同时提高抗炎因子 IL-10 的表达；饲喂蜂王浆小鼠的溃疡损伤、体重下降指标均好于对照组小鼠。此外，他们还报道蜂王浆对糖尿病导致的睾丸损伤的改善作用。埃及学者 El-Aidy 等研究发现，蜂蜜、蜂王浆和蜂胶提取物对哮喘小鼠模型肺部炎症具有改善作用。

日本庆应义塾大学 Imada 等将多种蜂产品饲喂给干眼症小鼠，发现蜂王浆能有效恢复小鼠的眼泪分泌功能，并提高泪腺 ATP、线粒体含量和 AMPK 的磷酸化作用；将蜂王浆作用于泪腺腺泡细胞能提高细胞钙离子的浓度，这可能是蜂王浆恢复眼泪分泌功能的机制。日本新潟大学 Kaku 等用蜂王浆饲喂卵巢切除小鼠，发现蜂王浆并不能改善小鼠骨体积的下降，但能有效缓解胶原交联的减少，这一作用可能是通过提高胶原修饰酶的表达，进而改变胶原蛋白的表达后修饰完成的，最终起到提高骨质量的作用。

阿尔兹海默症是一种发病进程缓慢、随着时间不断恶化的持续性神经功能障碍疾病，近年来全球患者数目增长迅速。Wang 等研究发现，蜂王浆或酶解蜂王浆可以有效推迟阿尔茨海默症模型线虫的临床症状出现时间，并且能显著降低线虫体内的 β-淀粉样蛋白含量；利用 RNA 干扰技术，证实了蜂王浆是通过调控转录因子 DAF-16 和胰岛素/IGF 信号通路，进而提高体内蛋白质内稳态（proteostasis），从而缓解阿尔茨海默症的临床症状。这一研究为蜂王浆抗阿尔茨海默症的功效提供了理论基础。

日本学者 Minami 等利用卵巢切除大鼠模型，研究了蜂王浆对雌激素缺失导致的记忆缺陷和抑郁等症状的作用，实验结果显示雌激素缺陷大鼠的记忆缺失和抑郁症状有明显的缓解。Yoshida 等利用肥胖糖尿病模型大鼠，证实了蜂王浆能有效改善血糖过高并抑制体重增加，葡糖-6-磷酸酶的表达明显抑制，脂肪连接蛋白和磷酸化 AMP 活化蛋白激酶的表达均上调。浙江大学研究团队利用 D-半乳糖模型小鼠，研究了蜂王浆酶解产物的抗衰老作用，结果显示蜂王浆酶解产物能干预小鼠体质量的下降，抵抗小鼠活动能力的下降并提升小鼠长期学习记忆能力，同时多种内部衰老表征都有所改善，显示蜂王浆酶解产物有着极好的抗衰老功效。

Malekinejad 等报道了蜂王浆能有效缓解紫杉醇对心脏和肝脏的毒副作用，服用蜂王浆后，紫杉醇引发的丙二醇和一氧化氮上调得到了明显的缓解，小鼠心脏的病理学病变也有了明显的减轻；通过降低 E2f1 同时促进 c-Myc 的表达，蜂王浆能有效保护肝脏缓解紫杉醇导致的肝损伤。伊朗学者 Zargar 等报道了蜂王浆的抗肺纤维化功能，长期服用蜂王浆能有效逆转博来霉素诱导的肺部纤维化，多种炎症因子包括 TNF-α 和 TNF-β 的含量也有明显下调。

三、临床应用

对蜂王浆保健功能的认识，最初源于养蜂学家观察到的蜂王浆对蜜蜂的营养功能：刚出生的蜜蜂幼虫以蜂王浆为食，但工蜂幼虫3日龄后改吃花粉和蜂蜜，其生殖系统及相关器官便不再发育。而蜂王因终生以蜂王浆为食，其生殖系统及相关器官充分发育，成年后既具有旺盛生殖力，又非常长寿。通常工蜂从幼虫发育为成虫需要21天，寿命仅30～40天。蜂王从幼虫发育为成虫仅16天，寿命长达3～5年，最长8年，是工蜂的数十倍。在繁殖季节，蜂王每天产卵1 500～2 000粒，卵总质量相当于蜂王体重，一生产卵300万粒，而工蜂则不具生殖功能，专司哺育、采集和守卫工作。蜂王的生殖能力这么强，也是与蜂王浆的作用分不开的。当蜂王在蜂巢上产卵时，工蜂随时侍候在蜂王的周围，不停地对蜂王饲喂蜂王浆。当蜂群要进行分蜂时，蜂王也需要离巢远飞，这时工蜂就会停止对蜂王饲喂蜂王浆，几个小时后，蜂王的卵巢就停止发育，腹部就收缩，恢复"苗条"的身材，以便飞行。当分蜂时飞出来的蜂群找到新的筑巢地点后，工蜂就开始筑造新居，并立即恢复对蜂王饲喂蜂王浆，蜂王的卵巢也开始发育，腹部马上膨大，几个小时后就恢复产卵。由此可见，蜂王浆对蜜蜂生殖能力的影响是十分巨大的。

据此，人们意识到蜂王浆是对蜜蜂生长发育和级型分化具有特殊调节功能的营养物质，并联想到对人类也有类似功能。关于蜂王浆对其他动物是否也具有类似的营养保健功能，即兼具延长寿命和提高繁殖力的作用，一直是受到学者们关注的研究内容。对果蝇、小鼠等模式生物研究得出的经典衰老理论认为，生殖过度即意味着能量消耗过大，将会导致寿命缩短。而对蜂王既长寿又具有旺盛的生殖力这一特殊现象是难以解释的。

近年来国内外研究已证实，蜂王浆和王浆冻干粉具有抗炎和促进皮肤伤口愈合、降血压和扩张血管、降低胆固醇、抗疲劳、促进细胞生长、提高小鼠单核巨噬细胞系统和细胞免疫系统功能，提高荷瘤小鼠平均生存时间等作用。临床医学上，蜂王浆在提高老年人和体弱多病者抵抗力，改善营养不良、发育迟缓和皮肤新陈代谢，治疗更年期综合征、肝病、神经系统疾病、心血管疾病和作为抗肿瘤辅助用药等方面已广泛应用。蜂王浆可用于治疗老年性疾病和抗衰老，治疗月经不调及更年期综合征，作为治疗高血压、高血脂的辅助作用用药，用于术后促进伤口的愈合，作为抗肿瘤辅助用药，用于治疗放射性疾病。

化疗和放疗过程中造成的黏膜炎和溃疡会严重影响患者的生活质量，因此多个国家的研究者都尝试使用蜂王浆来改善这类症状。日本学者 Yamauchi 等和土耳其学者 Erdem 等分别进行了双盲试验，结果显示，服用蜂王浆后患者的症状得到了有效的缓解，实验组患者的愈合速度明显高于对照组患者。这一功能也在小鼠模型上得到了验证。

土耳其学者 Gunaldi 等还将蜂王浆用于手术的辅助；硬膜外纤维化是腰背部手术失败综合征的一个重要原因，通过对手术处施用蜂王浆，能有效降低术后纤维化程度；植入手术后的感染是外科手术上的一大难题，同时施用蜂王浆虽然不能根除感染，但能有效降低感染的几率。

多个国家的多位学者将蜂王浆用于缓解药物副作用，发现蜂王浆能有效缓解多种药物的副作用；蜂王浆能有效减少镇癫剂戊二酸造成的染色体畸变；恢复羟甲烯龙造成的血清睾酮降低、精子数下降和睾丸组织病变；缓解博来霉素造成的生殖能力下降；通过降低血液中肝相关酶的表达和丙二醛的形成，降低咪唑硫嘌呤造成的损伤。

Khoshpey 等研究了蜂王浆对 2 型糖尿病病人的血糖、载脂蛋白 A1 和载脂蛋白 B 等指标的影响；服用王浆后，病人的血糖含量显著降低，载脂蛋白 A1 的含量显著上升，同时载脂蛋白 A1 和载脂蛋白 B 的比值显著下降。伊朗学者报道了两个蜂王浆的临床应用试验，一个是将蜂王浆用于患 2 型糖尿病的女性，50 位只服用降糖药物的女性病人在双盲条件下服用安慰剂或蜂王浆补充剂，8 周后发现，服用蜂王浆的病人的空腹血糖和血清糖基化血红蛋白含量显著降低，胰岛素含量上升，显示蜂王浆补充剂在糖尿病的控制上有着很好的辅助补充疗效；另一个研究则将目光转向了女性经前期综合征，110位经前期综合征患者分别服用安慰剂或蜂王浆制剂进行为期两个月经周期的治疗，结果显示，蜂王浆能有效缓解女性经前期综合征的症状。Lambrinoudaki等报道了蜂王浆对绝经后妇女身体状况的作用，发现服用蜂王浆能有效改善更年期女性的血脂情况。埃及学者Zahran等研究发现，蜂王浆能有效降低全身性红斑狼疮患儿的病症，服用蜂王浆后，患者体内的CD4＋淋巴细胞含量和CD4＋/CD8＋淋巴细胞比例显著下降。台湾台中医院的研究团队发现，蜂王浆能有效降低血压偏高患者血液中的总胆固醇和低密度脂蛋白的含量。作为一种抗炎物质，Pajovic等将蜂王浆用于前列腺增生患者，在3个月使用后，前列腺增生患者的生活质量能得到有效提升。

此外，蜂王浆对一些常见病如风湿性关节炎、胃溃疡、十二指肠溃疡、肝炎等均有较好疗效。蜂王浆的抗氧化活性对清除自由基、抑制脂质过氧化反应、减轻DNA氧化损害等都有显著效果。同时，蜂王浆又具有免疫调节的生物学活性，对因免疫系统衰退引起的损伤起到内源性修复作用。多方面的共同作用使得蜂王浆在控制机体过氧化反应，延缓衰老方面作用显著。

蜂王浆对人体的作用是十分广泛的，它适应症多、疗效神奇、安全可靠、治疗无痛苦、老少皆宜，已成为当今国内外炙手可热的保健品。近年来，国内外学者对蜂王浆的化学组成、营养价值及微生物学功能进行了广泛而深入的研究，蜂王浆应用领域也在不断地扩大。但由于蜂王浆本身成分的复杂性和功能的多样性，保存条件要求的苛刻性，所以还需要做大量的工作，包括以前研究中尚未解决的问题和一些新问题，而研究的重点则应放在功能因子的确定、新鲜度指标的研究及保存条件研究等方面。

四、用于农业及食品行业

目前国内外相关报道已经证明，蜂王浆具有提高动物繁殖力的功效，但作用机制还没有确切的定论，推断可能是由以下两方面原因造成：第一，从营养的角度来说，蜂王浆含有丰富的营养物质，而这些物质是动物生长发育的基础，对动物都有用；第二，蜂王浆含有微量的生物活性物质，这些物质对动物生理活动有一定的调节作用。但是有些人对此提出质疑，认为食用极少量蜂王浆就可获得提高动物繁殖性能的效果，这显然不是一般营养素所具有的功能，而应是某些微量调节成分所产生的作用。维生素、微量元素、激素 3 种微量成分的微小变化都将使生物体内产生巨大的生理变化，是不是这 3 类物质都是蜂王浆中起主要作用的成分呢？显然不是，因为维生素和微量元素可以从一般的食物中方便地获取。现在已经知道蜂王浆是激素的宝库，其中含有我们最熟悉的，也是最受人们关注的性激素，包括雄激素、雌激素、肾上腺皮质激素等性腺和肾上腺分泌的激素，和在体内可转化成激素的激素样物质，可能正是这些性激素的作用，使蜂王浆具有了提高动物繁殖性能的功效。蜂王浆可用作饲料添加剂，极少用量便可大大提高蛋白质产出，且成品不会给消费者带来类似于应用激素添加剂而产生的隐患。比如用浓度 0.1％的蜂王浆添加到饲料中喂养蛋用鸡，结果实验组每个月比对照组多产蛋 2.8 枚，产蛋率提高 8.8％；另外，在杂交鸭的饲料中添加蜂王浆后，实验组的产蛋率比对照组提高 13.6％，平均蛋增重 1.9 克。土耳其学者将蜂王浆用于鹌鹑的饲养，通过在饲料中添加蜂王浆，能有效提高高密度饲养条件下鹌鹑的饲料转化率和身体各部分多不饱和脂肪酸的含量。埃及学者则将蜂王浆用于改善高热环境下兔子的繁殖性能。与对照组相比，不同浓度蜂王浆处理组的兔子血液中脂质、胆固醇、三酰甘油和低密度脂质的含量均下降，睾酮浓度明显上升，并且肝肾功能都得到了改善。伊朗学者 Moghaddam 等继续对蜂王浆改善孵化器内鸡蛋的孵化和发育能力进行了研究，发现同时注射蜂王浆和生理盐水时鸡蛋的孵化率要高于只注射蜂王浆，但低于正常鸡蛋；虽然会导致孵化率下降，注射蜂王浆可以显著提高孵化后小鸡的体重、心脏重、肝脏重和睾丸重。这些研究显示蜂王浆在经济动物饲养上有着良好的应用前景。

蜂王浆是介于食品和药品之间的天然保健品。罗马尼亚用蜂王浆与其他蜂产品组合制成许多专利产品，其突出特点是蜂王浆的营养物质在口腔的反复咀嚼下慢慢释放，使有效成分慢慢被充分吸收。日本等国允许把蜂王浆作为食品添加剂来强化食品，从而增强食品的补益作用。我国也把蜂王浆应用于食品加工业中，由此而产生的蜂王浆食品、饮料也不胜枚举。

五、蜂王浆保存条件研究

虽然鲜王浆在冷冻条件下保存较为适宜，但不可否认，即使在常温下放置半个月，也不会由于微生物过度增殖而腐败，这说明蜂王浆中存在着良好的防腐系统。因此，蜂王浆除了在营养和医药领域具有相当大的作用以外，它的抗菌作用也值得考虑和开发。开展这方面的研究将有可能开发出一种全新的天然食品防腐体系，这对于蜂王浆加工及食品工业都会产生重要的影响。不可否认，对于蜂王浆抗菌作用的研究已经取得了一定的进展，但是，同样也有一些需要进一步确认和解决的问题。曾经有研究表明，蜂王浆的抗菌能力会随着储存温度的升高及储存时间的延长而不断降低，但是，被证实有抑菌活性的 10-HDA 和抗菌肽都有耐高温的特性，如何解释这一矛盾，需进一步研究。

六、蜂王浆的毒性研究

日本学者对蜂王浆的毒力研究表明，对大鼠给予蜂王浆连续 5 周腹腔注射，剂量分别是 300 毫克/（千克·天）、1 000

毫克/（千克·天）、3 000毫克/（千克·天），结果未见明显的毒副作用。甚至在用量达到16克/（千克·天）时，都未发生实验鼠死亡的情况。临床上的大量应用也表明，蜂王浆非常安全可靠，极个别（过敏体质）人服用后，曾出现过荨麻疹或哮喘的情况，停药或进行抗过敏治疗后，症状消失。

目前，西方国家已经报道了蜂王浆可导致严重哮喘发作、变态反应甚至死亡的消息，但亚洲各国还没有意识到这个问题。有研究结果指出，有变态反应或哮喘倾向的人群对蜂王浆发生变态反应的概率为5.0%～7.0%，故对此类人群应慎用蜂王浆。目前，研究中已经确定了很多可能与变态反应有关的蜂王浆蛋白质成分。

七、蜂王浆的新鲜度研究

新鲜蜂王浆中含有丰富的生物活性物质，对人体具有很高的营养保健作用，在临床应用上取得了显著疗效，如增强机体抵抗力、促进组织再生、调节内分泌、刺激造血系统、增强免疫力、抗肿瘤、改善睡眠等。对消化系统、循环系统、心脑血管系统等均有良好的辅助治疗作用，被称为"人类健康之友"。蜂王浆的这些保健功能是以其所含的多种营养物质（维生素、有机酸、酶类等）为基础的。而这些物质是相当不稳定的，极易受到环境影响而降低甚至丧失其应有的价值，所以蜂王浆的质量，关键在于新鲜度。

蜂王浆的质量标准对于蜂王浆的生产、加工、工艺选用及质量控制有着重要的指导意义。但是我国现行的蜂王浆质量标准（GB 9697—2008）只对10-羟基-2-癸烯酸、水分、蛋白质、总糖、灰分等理化指标做了限量规定。这些指标只能作为蜂王浆是否掺假的评判标准，无法评价蜂王浆的新鲜度及其品质，缺少新鲜度评价指标和相应的测定方法是现行蜂王浆质量标准的一个缺陷。

　　与新鲜度有关的蜂王浆质量问题已成为近年来蜂王浆产业关注的焦点，蜂王浆新鲜度指标已经引起了国内外科研工作者的高度关注，目前已从多个方面开展了研究，并提出了多个蜂王浆新鲜度的间接指标：

　　1. 10-羟基-2-癸烯酸（10-HDA）　　10-HDA 是蜂王浆中最主要，也是特有的一种脂肪酸。由于王浆酸是蜂王浆多种保健功能的重要成分，因此它是蜂王浆的标志物。一直以来，都是通过王浆酸的含量来断定蜂王浆的品质，也一度被认为是一个新鲜度指标。但是，王浆酸具有较好的化学稳定性和热稳定性，不是容易分解的物质，并不适合作为蜂王浆新鲜度的指标。Antinelli 等（2003）研究结果发现，在 12 个月的储存期中，储存于−18℃和 4℃的两个蜂王浆样品的 10-HDA 含量分别降低了0.1％和 0.2％。当储存于室温时，两个样品的 10-HDA 含量分别降低了 0.4％和 0.6％。中国农业科学院蜜蜂研究所原所长、中国养蜂学会原理事长张复兴等也得出了相似的研究结果：刚采收的鲜王浆 10-HDA 含量为 1.86％，在常温下保存 72 天后，10-HDA 含量仍保持在 1.85％，几乎没有变化。10-HDA 在高温环境中相当稳定。因此，10-HDA 不能代表蜂王浆在加工储藏中的活性物质变化情况，更无法代表蜂王浆的新鲜程度。

　　2. 葡萄糖氧化酶（GOD）　　GOD 是一种脱氧脱氢酶，能催化葡萄糖转化成葡萄糖酸，葡萄糖氧化酶是人体重要的供氢体，对脂类合成和生物转化起着重要的作用。Sabatini 等研究中指出，在 20℃条件下，葡萄糖氧化酶的活力一个月后减少非常明显，一年以后完全消失。即使在 4℃条件下，也有明显的缓慢减少。结果表明：GOD 活力基本上能反应储存温度和时间的影响，可以被用于评价蜂王浆的新鲜度。张红城等通过 SDS-PAGE 凝胶电泳，发现王浆中的葡萄糖氧化酶在储存过程中发生明显降解，并且比 Kamakura 等（2001）报道的 57kD 蛋白降解得明显，这表明葡萄糖氧化酶可以作为王浆新鲜程度的标志性成分。

3. 超氧化物歧化酶（SOD） 超氧化物歧化酶是一类金属酶，在生物体内催化超氧自由基 O_2^-，歧化为 H_2O_2 和 O_2，它对消除人体内过剩的超氧离子具有重要作用。唐朝忠等（1999）研究储存温度和时间对蜂王浆中 SOD 活力的影响，结果显示，在 $-18℃$ 下保存一个月 SOD 活力变化不大，$-4℃$ 下保存 10 天 SOD 活力略有下降，但变化不明显，而在 5℃ 下保存 10 天 SOD 活力消失。张娟等（2008）研究结果表明：蜂王浆中 SOD 对储存温度和时间十分敏感，新鲜蜂王浆的 SOD 活性为 109.37 活力单位/克，$-20℃$ 保存一个月后的王浆 SOD 变化较小，下降率仅为 14.49%，和新鲜王浆比相差较小；4℃ 下储存样品 SOD 在一周内下降 43.67%，一个月后 SOD 活性消失；20℃ 时一周内已经消失。由此可知，SOD 在一定程度上能够代表蜂王浆的新鲜度。

4. 糠氨酸 糠氨酸，又称呋喃甲基赖氨酸，是食品中的蛋白质与碳水化合物发生美拉德反应而产生的。Messia 等（2003）研究了蜂王浆和蜂王浆冻干粉中糠氨酸的含量与时间的关系。在鲜王浆中，糠氨酸含量很低（$0\sim0.1$ 毫克/克蛋白质），但是它随着储存时间和温度而升高。4℃ 和室温下蜂王浆中糠氨酸的含量都随着时间的延长而上升。相比之下，冷冻干燥的王浆在储存期更容易形成呋喃甲基赖氨酸。Marconi 等（2002）认为呋喃甲基赖氨酸含量可以作为评价王浆新鲜度的指标。糠氨酸的提取复杂而费时，因此，Wytrychowski 等对检测方法进行了改进，使用 HILIC LC-MS 替代了 HPLC-UV，使得糠氨酸的提取过程得以简化。蜂王浆中的糠氨酸的含量能够有效地反映蜂王浆存储过程中美拉德反应的程度，它的含量是随着存储温度和时间而不断上升的，因此它能够有效地反映蜂王浆的新鲜度。

5. 王浆肌动蛋白 Kamakura 等（2001）为了寻找一种能代表王浆新鲜度的指标，对蜂王浆储存过程中多种成分变化进行研究，发现一个分子量为 57 000 道尔顿的单体糖蛋白，命名为 RJP-1。比较 RJP-1 在 4℃、20℃、30℃、40℃、50℃条件下不同储存时间（1～7 天）内的降解程度，发现其降解速率与储存温度及时间是成比例的。由于 RJP-1 具有一定的生物活性，降解程度与蜂王浆的贮存时间和温度有相关性。因此，研究结果表明，王浆中 57 000 道尔顿的单体糖蛋白可以作为王浆新鲜度的指标。

6. 水溶性蛋白　新鲜蜂王浆中含有水溶性蛋白和水不溶性蛋白，其中水溶性蛋白为主要成分，占总蛋白含量的 46%～89%。蜂王浆粗蛋白质中有许多特别的肽和蛋白质类，这些肽和蛋白质类是重要的营养和保健因子，具有多项保健功能。王浆蛋白质对温度敏感，在储存过程中，一些水溶性蛋白质发生氧化反应生成不溶性物质或降解为其他物质。张娟等研究结果表明：相同储存时间内，蜂王浆水溶性蛋白含量随储藏温度的升高而降低；相同温度条件下，其含量随储存时间的延长也逐渐降低。张红城等通过 SDS-PAGE 电泳，发现了王浆中两种水溶性蛋白 60.7 kD（MRJP-4）和 85.2 kD（葡萄糖氧化酶）在储存过程中发生明显降解，比之前文献报道的 57 kD 王浆蛋白的降解更加明显，从而可以把这两种蛋白作为王浆新鲜度指标。所以蜂王浆中的水溶性蛋白在不同的储存条件和时间内是有变化的，也可作为蜂王浆新鲜度的衡量指标。此外，前人在探寻蜂王浆新鲜度指标过程中，主要放在蜂王浆成分指标的研究上，而对反映蜂王浆综合程度的某些重要理化指标研究很少。蜂王浆的化学成分非常复杂，其中具有生物活性的物质有数十种，所以使用蜂王浆某一单一成分物质的含量，来确定蜂王浆新鲜度，有时比较困难。

7. 蜂王浆新鲜度检测方法　中国农业科学院蜜蜂研究所吴黎明研究员等发明了一种测定蜂王浆新鲜度的方法。具体的测定方法是：通过液相色谱或紫外分光法等方法定量测定蜂王浆的三磷酸腺苷（ATP）、二磷酸腺苷（ADP）、单磷酸腺苷（AMP）、肌苷酸（IMP）、次黄嘌呤核苷（HxR）、次黄嘌呤（Hx）、腺嘌呤（adenine）和腺苷（adenosine）的含量；计算adenine、adenosine、HxR 和 Hx 的积累量与上述 8 种物质（ATP 和核酸的降解物）的质量之和的比值（F 值）；利用蜂王浆的 F 值大小检测蜂王浆的新鲜度，评判蜂王浆的品质。研究发现，F 值与储存时间和储存温度存在线性相关，与蜂王浆的品质也存在线性相关，且在不同的王浆中的变化趋势一致。F 值大小与蜂王浆新鲜度成反比，F 值越小，蜂王浆越新鲜；F 值越大蜂王浆越不新鲜。新鲜蜂王浆 F 值接近 0，高度腐败的王浆 F 值接近 100%，蜂王浆储存时间越长，温度越高，F 值越大。

8. 蜂王浆新鲜度检测试剂 浙江大学胡福良教授等发明了一种快速检测蜂王浆新鲜度的试剂，由质量百分比 10%～40% 的 HCl、0%～20% 的 NaCl、0%～10% 的 $C_4H_4N_2O_3$、0%～20% 的 FDNB 和水组成。使用时将蜂王浆和试剂按 1：3～1：20 质量体积比混合，根据混合液生成的颜色判断蜂王浆的新鲜度。这种试剂可与蜂王浆发生显色反应，且在一定时间内生成的颜色因蜂王浆的储存温度和时间不同而出现差异，可用于快速检测蜂王浆的新鲜度。

蜂王浆品质和新鲜度关系密切。国际上缺少一个公认的，可以广泛推广开来的，能如实反映蜂王浆新鲜度的指标，这是现行蜂王浆质量标准的一个缺陷。探求并确立蜂王浆新鲜度指标势在必行，我国作为最大的蜂王浆生产国和出口国，更应加紧进行对蜂王浆新鲜度指标的研究，这是完善蜂王浆质量标准，有效监控蜂王浆新鲜度，进一步规范蜂王浆市场的关键。

八、关于蜂王浆研究的展望与建议

经过国内外科研工作者的不断研究，人们对蜂王浆中蛋白质及肽类物质的组成、营养价值及生物学功能有了更深的了解，蜂王浆的应用领域也不断扩大。但鉴于其成分的复杂性和功能的多样性，还有大量的工作需要完成，包括以前研究中尚未解决的问题和一些新问题。而研究的重点则在于功能因子的确定，虽然许多实验研究和临床应用都表明蜂王浆蛋白质具有多种功能，但到目前为止，其确切的作用机理还没有完全弄清楚，主要原因之一就是有关功能性蛋白质和肽类基本结构的数据还不是很充分。然而，在分析检测手段如此先进的今天，完成这项工作不再是一件困难的事情，相信当我们在分子水平上，对蜂王浆中的蛋白质类物质有了全面的认识之后，通过识别相关区域，从而设计出具有各种功能的活性肽将不再仅仅是一种可能。

根据国内外现状和发展趋势，我国未来研究的重点主要应关注两个方面：一是努力跟踪国际学术前沿，加强基础研究，综合运用传统技术和现代分子生物学、基因组学、蛋白组学、代谢组学和营养学等多学科新技术，对王浆及各种功能的分子机理进行纵深研究；以蜜蜂作为模式生物开展营养基因组学的创新研究。二是针对我国蜂王浆产业的薄弱环节，积极发展产品深加工规模和生物技术产业化程度。我国是世界第一养蜂大国，近年来，蜂王浆加工量和出口量占世界总量的 90％以上，但我国目前的王浆生产仍处于传统阶段，国内市场和出口产品主要为鲜王浆和王浆冻干粉，特别是对出口依赖性大，价格波动性大。因此，应当努力发展王浆蛋白的大分子分离工程和酶解工程，蜂王浆主蛋白 MRJPs 和重要抗菌肽的基因工程，开发蜂王浆功能蛋白食品和生物医药产品，努力提升王浆产品的技术水平和市场竞争力，以提高产业整体经济效益。

第五章

常见问题解答

1. 使用蜂王浆保健有什么特点和好处 在回归自然，从自然界中寻求营养保健品的新时尚中，蜂王浆不仅是理想的天然保健品，还有很多独有的特点和好处，归纳起来主要有：

（1）便于自我保健：世界卫生组织指出，人的健康长寿影响因素中，遗传因素只占 15%，社会因素占 10%，医疗条件占 8%。气候条件占 7%，而 60% 取决于自己。自我保健、自我医疗、自我护理将成为人们防病治病、维持健康、延年益寿的最好手段。蜂王浆保健方法简便，易于普及，特别适合百姓和家庭实施自我保健，也适宜医疗保健社会化和家庭化的发展趋势。

（2）有独特综合功能：现在人们已不再满足于有病才治，更关心的是无病先防。蜂王浆正好具有预防、治疗、康复的独特综合功能，这一功能是很难得的。

（3）使用方便：蜂王浆可以直接服用，通常主要是用蜂蜜配制（充分混合均匀后服用），也可直接含化鲜蜂王浆或蜂王浆片。加工的蜂王浆冻干粉，只要用温开水冲服即可，且用量较少，便于携带和存放，出差在外服用也方便，因此有保健及服用方法简便的特点。

（4）安全无副作用：药物治病的弊端越来越大，特别是化学药物对人体或多或少都存在一些副作用或毒性。而蜂王浆是天然营养保健品，对人体健康有益无害。用于治疗时对多种疾病有疗效，而且非常安全，长期服用无任何副作用。

（5）适应证多：许多中老年慢性病患者，大都患有多种疾病，对于这样的患者，一般药物治疗只能是"头痛医头、脚痛医脚"。蜂王浆却不同，对人体多方面的医疗保健作用是通过调节人体生理功能、增强免疫力等来实现的，能使多种疾病逐步好转或治愈，能收到多病同治的功效。

（6）治病能治本：在疾病防治中，西药的对症治疗只能治标，难治本。蜂王浆则不同，由于它具有增强免疫功能、调节内分泌、促进造血功能、促进组织再生、抗菌消炎、抗病毒、抗肿瘤、抗辐射、调节血压、防止动脉硬化、保护肝脏、促进生长发育、增强新陈代谢等多种功能，从而能收到治标又治本的理想效果。

（7）治病又滋补：对一个病重体虚者来讲，无论是采用中医还是西医治疗，只能先治病，待病愈后方可慢慢滋补复壮。蜂王浆由于既有药理功能，又富含蛋白质、氨基酸、维生素、微量元素、酶类等营养素，在治疗过程中，治病与滋补能巧妙地结合，同步进行。临床实践证明，用蜂王浆治疗疾病，病愈体即壮，这是蜂王浆独具一格的双功能作用。

（8）食用无忌口：使用药物治疗时，无论中药或西药，禁忌较多，有的人服药后反应强烈，而服用蜂王浆，无论是保健或治病，均无禁忌，日常饮食依旧，无需担心解药作用，解除了服药期的麻烦，病人长期服用也无不适反应。

（9）治病无痛苦：西医治疗注射药物、手术有痛苦，中药苦口难吞咽。蜂王浆的味道酸、涩、辛辣，但口服前通常与蜂蜜配制，如同吃甜食一般，无痛苦，大人小孩都喜欢服用。

（10）费用低：目前医疗费用昂贵，很多患者难以承受而放弃治疗。而蜂王浆价格不贵，服用剂量也很小，一般疾病患者都能承受。

2. 蜂王浆的具体使用剂量以多少为宜　蜂王浆到底以食

用多少才合适，国内外学者都在探讨，众说纷纭，从日服 0.1 克到 30～40 克，甚至 40 克以上都有，没有一个具体的剂量标准。一般来讲，蜂王浆的服用量应根据具体需要、具体病情因人而异。保健量可小，治病用则需较大剂量；治疗较轻的病可用较小的量，治疗癌症、糖尿病、心脑血管病等时用量要大；年轻体质好的用量可小些，年纪大、体质较差的则用量要大些；治疗开始时用量要大，待病情稳定后可逐渐减少用量。

推荐具体用量：成年人保健用量每天可服纯鲜蜂王浆 3～5 克，最多可服 5～10 克；治疗一般疾病每天可服 10～20 克，治癌症等重病每天要服用 20 克以上，才能获得较好效果。婴幼儿及儿童用量可适当控制，0～1 岁的婴儿，保健用量以每日 0.1 克为宜；1～3 岁的幼儿每日服量 0.1～0.3 克；3～7 岁的学龄前儿童每日用 0.3～0.5 克；7～10 岁儿童每日用量 0.5～1.0 克即可。

3. 蜂王浆的使用方法有哪几种　蜂王浆的使用方法主要有以下 4 种：

（1）吞服：直接吞服的方法最方便，应用最广，而且效果甚佳。从冰箱中取出的鲜蜂王浆不用化冻，口含慢咽，为改善口感可同时适当吃一点蜂蜜。不需要将蜂王浆完全解冻后才服用，更不要用热水冲服，也不要和其他食物一起服用，应该在早晨空腹时吞下，再喝一杯温开水或凉白开水。中午、晚上服用时也应空腹时吞下，效果较好。

（2）含服：即用滴管向舌下滴蜂王浆液，或用不锈钢勺挖出冷冻鲜王浆放在舌下含化，效果来得快，因此服用剂量小而经济。蜂王浆片，就是专门用来含服的蜂王浆制品。

（3）注射：将蜂王浆制成注射液，供皮下或肌肉注射。在临床上对于重病或病危的患者，一般采用注射的方法。因为注射剂可使蜂王浆中的胰岛素和丙种球蛋白等有效成分保存完好，而且便于人体直接吸收利用。

（4）涂搽：将蜂王浆配制的软膏或化妆品，直接涂搽于患处，用于治疗外伤、皮肤病或保护肌肤，效果较佳。鲜蜂王浆直接涂搽治疗烫伤、烧伤、冻伤、皮肤病等，具有见效快、疗效好、成本低等特点。

4. 为什么空腹服用蜂王浆效果好　临床实践证明，蜂王浆以空腹时服用效果最好，特别是清晨未进食前服用最理想。因为蜂王浆所含活性物质，对酸、碱、光、热、空气等很敏感，清晨空腹服用可减少或避免胃酸的分解破坏。研究表明，纯净的胃液是一种无色的强酸性液体，pH 为 0.9～1.5。人在空腹时，仅分泌少量胃液，一般呈中性或弱碱性。因此，清晨空腹服用蜂王浆正好可以减少或避免胃液中盐酸对其中活性物质的分解破坏，可以充分发挥其有效成分的医疗保健作用。此外，清晨饭前服用蜂王浆后可畅通无阻，可较快地进入小肠且易于被吸收。服用蜂王浆时最好用温白开水（200 毫升左右）送服，水量多些可加快胃排空率，使蜂王浆很快到达小肠，更有利于蜂王浆的吸收，以便迅速进入血液循环，为机体所吸收和利用。这就是为什么食用蜂王浆要空腹，特别是清晨空腹时服用效果好的原因所在。

5. 蜂王浆每日用量分几次服完为好　蜂王浆防治疾病时，每日用量分几次服完，没有严格的规定，如江苏省中医研究所徐荷芬等在用蜂王浆冻干粉治疗恶性肿瘤的临床观察中，采用每日服 1 次，每次 1 克的方法，收到了良好的治疗效果。广东省深圳市人民医院曾广灵等对 1 例肺癌患者（已转移）术后及化疗期间，一直服用大剂量鲜蜂王浆，每日 15 克，清晨空腹1 次含服，一直未间断，经一年多观察，达到近期治愈。实践证实了蜂王浆用于疗疾和其他药物一样有其最佳服用时间。"时辰药理"告诉人们，每天清晨空腹用 1 次就可收到疗效，并不是日服次数越多越好。因此，凡剂量不大时只需清晨 1 次服下，剂量较大时可分早、晚或早、中、晚分次服下。保健剂量不大，每天清晨 1 次服下即可。

6. 治疗时服用蜂王浆多长时间才能见效　蜂王浆属于营养保健品，不会像药物那样有立竿见影的效果，蜂王浆对人体起的是补益和调理的作用，需一段时间方能见效。食用蜂王浆见效时间的长短首先与食用者本人有关，不同的人因身体条件和吸收程度的不同，见效时间也不一样。其次与所要治疗的病症有关，如果适应证准确，一般一个星期就有效果，快的 3～5 天就有感觉。用蜂王浆来治疗一些慢性病、疑难病，就要长期食用，一般 2 个月为一疗程可有满意的效果，但为了巩固疗效，增强体质，最好长期食用。

7. 服用蜂王浆为何贵在坚持　对于蜂王浆在医疗保健中的效果，特别是对疑难病的治疗，有的患者是半信半疑，服用蜂王浆也是时断时续，三天打鱼两天晒网，特别是当服用几天后见不到明显效果，就放弃服用，这不能说明蜂王浆无效。因为蜂王浆是天然保健品，也有医疗功效，即药食同源，但显效一般较慢，没有速效性，尤其是用于治疗原因不明的疑难病及慢性病，断断续续服用是难以收到预期效果的，贵在坚持。下面的病例就是最好的说明。

广东雷州市黄女士，因患胃癌，药疗无效，只好手术治疗，当医生打开腹腔时，发现癌细胞已转移。医生只好嘱咐她的亲属，准备后事。后来得知蜂王浆对癌症有疗效，就每日服用 3 次，一连服了 2 千克，还是胃痛不减，黄女士也失去了治疗信心，但儿女还是坚持要母亲吃，当服完 3 千克时，胃痛大减，饭量增加。当她坚持服完 5 千克蜂王浆后，到湛江市医院复查，胃癌完全好了，至今已 10 多年未出现反复。由于她坚持大剂量服用，才奇迹般地治好被医生判为无法医治的晚期胃癌。

8. 为什么有的人服用蜂王浆后感觉不明显　正常情况下，凡是服用质量可靠的新鲜蜂王浆后 3～5 天，服用者便会感觉到胃口好、睡眠改善、精神焕发，对恶劣环境的抵御力增强，这是因为蜂王浆调节了内分泌、消化、神经以及其他系统，使多器官功能能得到平衡的缘故。但有些人服用后没有什么明显感觉，这也属正常现象。如果不是蜂王浆质量问题，就是其本身身体很健康，各方面器官处于最佳运转状态，故服用蜂王浆后没有什么感觉。不过，服用者需明确，尽管当时表现不明显，可蜂王浆对您身体的保健作用还是不容置疑的，主要表现在延缓衰老等方面，可使您本来健康的身体增强了抗病能力，有利于减少体能损耗和延缓肌体老化，使之保持更长时间处于健康状态。因此，健康人也可按保健量食用蜂王浆，达到固本培元的作用，使身体能长期保持健康状态。

9. 为什么有人服用蜂王浆制剂后没有效果　蜂王浆属天然保健品，含有丰富的生物活性物质，这些物质对热等外界条件很敏感，稍有不慎即有可能造成其有效成分的破坏。鉴于蜂王浆的这一特点，人们平时服用多以鲜蜂王浆口服为主。目前我国加工生产蜂王浆制剂的厂家很多，蜂王浆制剂品种也不少，服用后的效果也很好。但为什么有的人服用蜂王浆制剂没有效果呢？一是所含蜂王浆极少，甚至没有蜂王浆；二是加工工艺不合理，使蜂王浆的有效成分受到破坏。这样的蜂王浆制剂其实就是不合格的假冒伪劣产品，当然无效果。因此，应该选用可信赖的生产厂家及有信誉的名牌产品，千万不能购买"三无"产品，以免上当受骗。

10. 用蜂王浆治病时，患者应如何配合才能提高疗效　人们在与疾病斗争过程中，除了进行积极的药物治疗和其他医学手段治疗外，患者本身的心理状态及情绪也是决定病体康复的重要因素，"七分精神三分病"说的就是这个道理。英国皇家医学院的研究人员曾对475名癌症手术后的患者进行观察，发现80%精神颓废甚至绝望的人在手术后不久便死亡了；而注意精神调节，相信自己能战胜疾病的人，10年以上的生存率达 70％。据美国《星期六晚邮报》报道，有一位中年男子得了癌症，当时他的妻子正在怀孕，他决心设法要活到孩子出世那一天，结果这位中年男子 20 年后仍然活着。研究表明，人在患病时，如能树立战胜疾病的信心，便能有效地调动机体内部的免疫力量，这就是医学上所说的心理免疫。据精神神经免疫学专家的研究证明，信心与心理状态对免疫系统及其抗病能力有良好、明显的影响。正如马克思所说："一种美好的心情比十副良药更能解除生理上的疲惫和痛楚。"因此，在用蜂王浆治疗疾病时，患者要从精神上很好地配合，对治疗要充满信心，保持乐观情绪，才能更好地发挥蜂王浆的作用而提高疗效。笔者在实践中体会到，凡是身患癌症仍很乐观的人，可提供优质蜂王浆帮助治疗；凡已患癌症，又不让本人知道的，一般都谢绝治疗，因为当患者知道后就会被吓死，再好的蜂王浆也无用。

11. 疾病治愈后还需要继续服用蜂王浆吗 众所周知，在治疗疾病时通常要服用中药、西药，治愈后就停止服用，以免产生抗药性或毒副作用。不过，蜂王浆并非如此。

蜂王浆对多种疾病虽然有很好的疗效，但它属于健康保健食品，没有什么毒副作用，也不会产生耐药性。因此，基于维持健康的需要，病治好后最好仍继续服用一段时间，以巩固疗效。如条件允许的话，可以长期服用保健剂量，会使身体更健康，并能延缓衰老。

12. 服用蜂王浆治愈疾病后会不会复发 当人体的代谢平衡紊乱而引发某些疾病时，这种不平衡就必须靠外力（药物）的帮助才能建立起新的平衡，使疾病得到治疗而恢复健康。新的平衡出现以后，在很多情况下靠自身的生理功能即可得到维持。蜂王浆正是促进了机体的代谢平衡和各种器官功能的改善，特别是促进免疫功能的增强，使身体整体素质提高。达到既治标又治本的目的。因此，通过蜂王浆治愈的疾病，是不会再次复发的。

13. 健康人服用蜂王浆有什么好处 健康是个很难精确界定的概念，世界卫生组织认为，"健康不仅仅是没有疾病和身体虚弱，而且是一种在身体上、精神上和社会适应能力的完好状态"。按照这个标准来衡量，真正意义上的健康人的比例并不高，特别是人到中年以后，尽管没有什么不舒服的感觉，但是，机体的免疫力实际上在逐步下降，体内的自由基在逐步增多，脂质过氧化物在逐步积累，体内毒素也在增加，细胞会逐步失去活力，血管逐步老化、硬化，进而导致人体衰老和一系列疾病的发生。

根据蜂王浆的功效，正常人服用蜂王浆后，会逐步强化机体的免疫功能，排除体内毒素，清除自由基的伤害，软化血管，改善造血功能和血液循环，预防多种疾病，推迟衰老进程，使机体更加健康。中老年人坚持服用蜂王浆，对增强体质、预防疾病、延年益寿都有好处。

14. 蜂王浆能包治百病吗 蜂王浆对多种疾病确实有很好的预防和治疗作用，尤其是对一些原因不明的疑难症，能收到意想不到的效果。但是，蜂王浆并不能包治百病，还有很多疾病蜂王浆并没有治疗作用。就是同样的疾病，不同的患者，蜂王浆所发挥的作用也有很大差异。有的人在宣传蜂王浆作用时说什么包治百病，是把它的作用无限夸大了，这一错误观念的产生，主要基于两种情况。其一是对蜂王浆和医学不甚了解，不辨真伪，因而人云亦云；其二是一些人为私利所驱，对消费者进行误导。实践证明，任何一种治疗方法都有其局限性，没有万能的，蜂王浆疗法也不例外。能治百病的方法过去没有，现在没有，以后永远也不会有。如果某人宣称他的方法能治百病，那么，不仅此方法不可信，就连此人也不足为信。

15. 服蜂王浆是否需要忌口 蜂王浆是一种天然营养品，本来就是蜜蜂饲喂蜂王和哺育幼虫的食物，因此它和日常各种饮食及中西药都不会发生相互拮抗作用，日常饮食依旧，无需忌口，不必担心解药或其他副作用，只要按规定方法服用即可，不会有任何副作用。

16. 儿童能服蜂王浆吗　儿童能否服蜂王浆，要根据儿童的具体情况来确定，既不能说儿童一律不能服蜂王浆，也不能说所有儿童都能服蜂王浆。凡生长发育正常、身体健康、营养状况良好的儿童，没有必要服蜂王浆等滋补品，只要做到饮食营养均衡就可以了。生长发育和营养不良儿童服用蜂王浆有促进生长发育的良好效果，对营养不良并发症患儿尤为有效。如体质衰弱的儿童易伤风感冒，食少，口腔发炎，气喘，扁桃体发炎，精神脆弱等，服用蜂王浆 1 周后，病体就会有明显的改善，症状减少或消失，食欲增加，面色好转。意大利普罗斯派里等早在 1956 年就证实了用蜂王浆治疗婴幼儿发育不良的效果，他们通过给 42 例早产儿和体弱多病的婴幼儿服用蜂王浆，结果很快使患儿血红蛋白增加，血浆白蛋白恢复正常，肌肉充实，体重增加。临床实践证明，蜂王浆对病态儿童和生长停滞儿童有良好的作用，尤其是对那些患有可恢复性新陈代谢紊乱，以及因感染所致全身营养不良的儿童，效果更好。

17. 蜂王浆中的激素对人体有不良影响吗　人们常常有个误区，即谈激素色变，其实大可不必。殊不知，蜂王浆对治疗风湿病、神经官能症、更年期综合征、内分泌代谢紊乱等所显示的作用中，激素就扮演着重要的角色。激素也是生理代谢必不可少的物质，如妇女更年期综合征就是由于人进入更年期，性激素分泌减少或停止而引起的生理变化。这时适当地补充一些性激素，可加强机体自身停止分泌激素的适应性，减少由于更年期综合征引起的不良反应，消除烦恼。这种补充，作为天然品的蜂王浆是再好不过的，因为它可提供综合性的营养成分，这是人工合成品所不能比拟的。人的衰老首先表现在性功能的衰退，蜂王浆对激素的提供和调节，实际上是起到了延缓衰老的作用。因此，作为保健食品级的蜂王浆可以随时向人体提供激素的来源；作为药品级的蜂王浆可以增大用量来治疗相应的性功能障碍等。同时，蜂王浆所含痕量激素，也还不至于产生不良影响。

对中老年人来说，补充激素有益于身体健康。老年人容易患骨质疏松，其重要原因之一就是缺乏性激素，食用蜂王浆能补充这些性激素，减慢骨质疏松速度，预防骨质疏松症。

18. 蜂王浆含有的性激素会引发女性乳腺癌吗　近几年来，关于"蜂王浆激素含量高，会引发女性乳腺癌"的错误言论不断在网上和微信圈里出现，甚至我国某位防癌方面的专家，在CCTV-2《职场健康课》栏目中公然宣称"蜂王浆激素是乳腺癌的危险因素"，无疑是对这几年"蜂王浆激素致乳腺癌"谣言的一个有力支持，火上浇油，后果严重。该节目播出后，某位防癌专家诋毁蜂王浆的错误言论造成了蜂王浆消费者思想上的混乱，也造成了女性消费者对蜂王浆消费的恐慌，在全国蜂业界引起了轩然大波和强烈愤慨。

事实如何呢？人类研究和食用蜂王浆有悠久的历史，为人类健康发挥了重要作用。中国是世界养蜂大国，我国蜂王浆的产量占世界蜂王浆总产量90％以上，在国际市场上占有独一无二的重要地位，是我国医药保健品出口创汇的拳头产品，主要销往日本和欧美市场，深受国外消费者的青睐。应该说蜂王浆是世界公认的天然营养食品。据了解，国家食品药品监督管理局已批准的蜂王浆类国药准字号药品22个，保健食品有300多个，批准的保健功能有：增强免疫力、延缓衰老、降血脂、对化学性肝损伤的保护等。国家对药品、保健食品的审批必须经过致畸形、致突变和致癌的安全性毒理学试验，证明该产品的安全性能。所有已被批准生产销售的蜂王浆产品标签说明书上，都没有蜂王浆是女性乳腺癌危险因素的提示。

经过多年的研究，目前国内外已有数百篇的科学研究成果证明，内源性激素是动物性食品的天然成分，我们日常生活中食用的动物食品都含有正常的激素，蜂王浆中激素含量远远低于一般动物食品，它与乳腺癌的发病没有必然联系。国内蜂产品权威检测机构"农业部蜂产品质量检测中心"对蜂王浆激素的检测结果，证实了"蜂王浆激素含量高"的说法没有任何科学依据，蜂王浆的激素含量明显低于一般动物性食品激素，由于蜂王浆激素含量低于国家规定的检测限标准，甚至无法检出，只能称其为"痕量"，不会对人体造成危害。

2014 年 9 月 19 日，中国蜂产品协会在北京召开了《蜂王浆安全性评价及应用研究高峰论坛》大会，会上原卫生部首席健康教育专家洪昭光谈到蜂王浆时说"到现在为止，全世界没有任何一篇科学研究或医学研究能够证明蜂王浆致癌，同时又有那么多科研文章证明蜂王浆和乳腺癌发病没有必然的联系"。他还说："百年来，西方也好，很多动物实验，临床实验都证明它的好处，还没有看到有充分的科学论据，它和某种癌有关系"。北京大学肿瘤医院秦斌主任医师认为，蜂王浆对化疗患者的细胞免疫功能有一定的调节和抗肿瘤作用。浙江大学公共卫生学院院长、博士生导师王福俤认为，蜂王浆中的激素含量低于一般动物源性食品。江苏省疾控中心首席专家袁宝君发表的《妇女乳腺癌与服用蜂王浆保健品等因素的病例对照研究》报告，其结果证明乳腺癌与服用蜂王浆无关。相反，国内外均有大量公开发表的药理实验和临床报告证明：服用蜂王浆可增强机体细胞免疫功能，抑制肿瘤，并能改善肿瘤患者症状，增加食欲，减轻放化疗的毒副反应。蜂王浆对化疗患者的细胞免疫功能有一定的调节和抗肿瘤作用，早在 2007 年日本科学家 Mako Nakaya 等在国际期刊《Bioscience，biotechnology，and biochemistry》上发表研究报告证实：蜂王浆可以抑制乳腺癌细胞 M C F-7 的增殖，这种作用在加热到 100℃的情况下依然存在，蜂王浆有抑制乳腺癌的作用。

据南京老山药业进行调查研究的结果显示，在180名女性乳腺癌患者中，共有47名患者曾服用过蜂制品，而在180名非乳腺癌对照组女性中，同样也有42名服用过蜂制品。此结果经过科学的统计学处理后，最终表明，乳腺癌患者组和对照组之间在服用蜂制品的概率方面没有差异，从而得出了患乳腺癌与服用蜂王浆无关的令人信服的科学论据。此外，南京老山药业集团委托具有权威性的南京师范大学生命科学学院用最先进的放射免疫分析检测技术，对包括7个"老山"和3个江苏、安徽及广东企业在内的共10个蜂产品样品，进行过激素含量的分析。结果表明，蜂王浆内的性激素含量实际上十分低微，每克蜂王浆中雌二醇含量小于10纳克（1纳克＝10亿分之一克）；睾酮的含量在0～1纳克；黄体酮的含量也只有几至几十纳克（而每克鸡蛋中的雌二醇含量是380纳克，睾酮的含量是300纳克）。

江苏省肿瘤防治研究所流行病室主任丁建华研究员从肿瘤病因学因果推断的几大原则方面，论证了服用过蜂王浆与女性乳腺癌的发生毫无关系。他认为：其一，就二者联系的强度而论，只有当相对危险度达到5时，因果关系成立的可能性才较大，而上述的研究表明，二者联系的相对危险度仅为1，说明二者根本不存在病因学上的因果关系。其二，从联系的一致性来看，世界上食用蜂王浆最多的国家是日本，人均蜂王浆消费量是中国人均蜂王浆消费量的7倍，日本人口长寿排名世界第一，也是发达国家中乳腺癌发病率最低的国家之一，仅为美国的1/3。我国江苏省人均消费蜂王浆超过全国平均水平，但该省的乳腺癌发病率却低于全国平均水平。其三，就剂量与效应关系来说，也并未发现服用蜂王浆时间越长和剂量越多，女性乳腺癌危险性越大的结果。其四，从生物效应的可能性推论，蜂王浆中雌二醇和睾酮的含量，仅分别相当于能够引起人体生理作用剂量的五百万分之一和四千万分之一，显而易见，这样的含量是绝不可能会对人体产生副作用的。其五，从研究结果的符合性来分析，即经实验检测得出的蜂王浆中性激素含量为含量的结果与人群流行病学调查表明，二者无关的结论相符合，从而最终证实了服用蜂王浆并不会增加女性乳腺癌危险的论断。因此，不仅健康的妇女可以放心服用蜂王浆和蜂王浆冻干粉，而且就是乳腺癌病人也完全可以大胆地服用，因为蜂王浆有防癌、抗癌作用。

19. 经常服用蜂王浆会发胖吗　服用蜂王浆后，服用者食欲明显改善，因此有消费者提出是否会发胖的问题。首先应从肥胖的原因来看，不能否认有些肥胖是遗传造成的，但大部分肥胖者与遗传无关，而是由于食用的脂肪要比机体所需要的多得多，不良饮食习惯和久坐的生活方式也是导致肥胖的主要原因。科学研究还发现，肥胖并不完全是由于营养过剩造成的，如果饮食中缺乏某些能使脂肪转化为能量的营养素，体内脂肪就不能转化为能量释放出来，只能逐渐积累在体内，以致形成营养缺乏性肥胖症。

日本东京都大学营养学家研究发现，肥胖的原因之一是 B 族维生素供应不足所致，因为 B 族维生素是机体脂肪转化为能量的媒介。而经常服用蜂王浆，虽然食欲增加，但由于蜂王浆含有全面的营养成分，不仅可为机体组织细胞的生长和修复提供丰富的原料，同时蜂王浆中生物活性物质对机体的各种生理功能具有很好的调节作用，使人体新陈代谢增强，特别是所富含的 B 族维生素能促使机体脂肪转化为能量。因此，经常服用蜂王浆不仅不会出现肥胖，对某些原因引起的虚胖，还会减轻体重，使虚胖消失，身体会变得更加结实、健康。

20. 蜂王浆能长期服用吗　蜂王浆是天然的营养保健品，能否长期服用是不少人关注的一个问题。日本学者用大鼠做实验，每天腹腔注射蜂王浆，共 5 周，剂量为 300 毫克/（千克·天）、1 000毫克/（千克·天）、3 000毫克/（千克·天），都无明显毒副作用。有人甚至用到 16 克/（千克·天）都不能使小鼠死亡。这样看来服用蜂王浆是安全可靠的，长期服用也不必担心。郭老师自 1982 年患疑难症，食欲极差，身体日渐消瘦，在中西医治疗无效的情况下，自配蜂王浆服用至今已有 10 多年，从未间断。不仅治愈了原来的疑难病症，而且很少生病，虽已年到花甲，头发还全黑，身体很健康，精力充沛，完全可以长期服用。特别是中老年人，坚持服用蜂王浆，可延缓衰老，健康长寿。

21. 长期服用蜂王浆会成瘾吗　在服用蜂王浆用以保健的消费者中，有人担心长期坚持服用会像药物一样出现药瘾，因而不敢长期服用。众所周知，药物是用于治病的，有些药物被反复、多次、足量服用后，一旦停药，病人会发生精神或躯体的痛苦反应，这就是药瘾，医学上叫药物依赖性，药物依赖性分为精神依赖性和躯体依赖性两种，精神依赖性是某些药物反复使用后，一旦停药便会产生继续使用这种药物的强烈欲望，以达到精神上的欣快和安慰的目的。躯体依赖性表现为突然停药后，便会产生严重的生理功能障碍，如精神萎靡、烦躁、哈欠、流泪、流涕、出汗、失眠等。能引起成瘾的药物有吗啡类、镇静安眠药类、可卡因类、大麻类、中枢神经兴奋剂类、致幻剂类、中药罂粟壳，以及止痛片。然而，蜂王浆不属于任何一类成瘾的药物，而是保健食品，根本不会出现成瘾的现象，就和人们每天都要吃饭一样，在国内外的长期实践中，也未见因坚持服用蜂王浆成瘾的报道。

22. 炎热夏季能服用蜂王浆吗　不少消费者认为，炎夏不宜服用蜂王浆，经销商也反映炎夏蜂王浆销量有所下降，这与夏季不宜进补的传统观念密切相关。那么，炎夏真的不宜服用蜂王浆吗？回答是否定的，中医及营养学家认为，食物可分为热性、温性、平性和寒性四类。属平性的蜂王浆等食物，不论身体发热，还是畏寒，都可以进补，长期坚持可使体内阴阳平衡，不生疾病。现代医学研究同样证明，炎夏可以服用蜂王浆，北京医学院药理教研组等单位所进行的动物实验表明，在耐受高温的实验中，给小鼠腹腔注射蜂王浆，每日每只10毫克，10日后能显著提高小鼠耐受高温的能力，使小鼠在40℃高温下的生存时间显著长于对照组，显示出具有抗热能力和适应能力。在临床上同样显示，炎夏服用蜂王浆是有好处的。因为蜂王浆是我国驰名补品之一，性味甘、酸、平，有滋补、强壮、益肝功效，并能清热解毒，利大小便。炎夏坚持服用蜂王浆保健，尤其是体虚和处于亚健康态的人，会收到睡眠好、食欲旺、精神佳、免疫力提高、抗热、抗病力增强的效果。

23. 蜂王浆为什么不能用开水冲服　在蜂王浆消费者中，有的反映效果并不好，当被问到如何服用时，回答是与食用牛奶、鸡蛋一样，用开水冲饮的。这样服用蜂王浆，肯定收不到什么效果。因为蜂王浆中丰富的生物活性物质对热很敏感，在常温下保存很容易变质、腐败，如在阳光照射、气温30℃的条件下，经过几十个小时就会起泡、发酵，使所含蛋白质等营养物质遭到破坏；在高温100℃时就会失去使用价值。而在冷冻时则稳定，不会影响质量，在-18℃以下氧化停止，可保存几年质量不变。因此，蜂王浆绝对不能用开水冲服，否则会破坏其有效成分而严重影响效能，如果要冲服的话，也只能用35～40℃温开水或凉开水，最好是直接服用蜂王浆后喝杯温开水，既简便效果又好。

24. 鲜蜂王浆为什么必须低温保存　鲜蜂王浆必须低温保存，这在国际上已成为共识。研究表明，蜂王浆含有活性肽、激素、酶等丰富的生物活性物质，其生物活性不稳定，在光、空气、温度、湿度、加工和保存方法等条件影响下，均易受到破坏，特别是温度易影响其保健和治疗作用。前苏联《蜜蜂和人的健康》（1964）一书记载，只有在0℃以下才能很好地保存蜂王浆。在3～5℃的温度下，天然蜂王浆经过12～24小时后，就会丧失生物特性。前苏联学者塔努力信德 1965 年报告，在 0℃条件下，蜂王浆的生物活性要经过 3～4 昼夜才下降。前苏联学者在 1972 年证明，用新鲜蜂王浆饲喂蜂王幼虫，6 日龄时平均体重为 240.3 毫克；同时用 18～20℃温度储藏 3 天的蜂王浆饲喂蜂王幼虫，6 日龄时平均体重为 55.3 毫克；用 18～20℃温度储藏 5 天的蜂王浆饲喂蜂王幼虫，6 日龄时平均体重为 8 毫克；而用 18～20℃温度储藏 10 天的蜂王浆饲喂蜂王幼虫，6 日龄时平均体重为 7.4 毫克。以上数字表明，在摄氏零上温度中储藏 3～10 天的蜂王浆喂蜂王幼虫，实验幼虫的体重与对照组（新鲜蜂王浆饲喂）比相差 4～30 倍。由此可断言，在零上温度下储藏蜂王浆，会使它很快失去生理活性。丧失活性的蜂王浆也就丧失了其本来的价值。

英国养蜂协会主席汤斯莱博士指出，"室温下鲜蜂王浆存放一天，蜂王浆中很多有效成分会被破坏，蜂王浆必须冷冻保存"。当今世界各国要求，新鲜蜂王浆必须在 －10℃下保存；日本规定蜂王浆必须在 －20～－15℃条件下保存。中华人民共和国农业部 2002 年 7 月 25 日发布的《无公害食品——蜂王浆与蜂王浆冻干粉质量标准》中规定，蜂王浆应在 －18℃以下低温保存，保质期可以为 24 个月。只有采取低温冷冻保鲜措施，才能保证蜂王浆的质量，特别是使具有特殊功能的活性成分（如 γ 球蛋白、超氧化物歧化酶、活性肽、类胰岛素、激素、酶类等）不丧失，从而发挥其应有的营养保健和医疗作用。

25. 冷冻后的蜂王浆为何会出现结晶颗粒 新鲜纯净的蜂王浆口感细腻，无晶粒，含丰富的蛋白质、游离氨基酸、酶、维生素、有机酸、激素、脂肪等有机物质，光线可使其中的醛基、酮基发生氧化还原反应。蜂王浆中的有机酸主要是王浆酸（10-羟基-2-癸烯酸），在低温时能结晶析出，特别是在 －24～－2℃时极易结晶，使蜂王浆呈颗粒结晶状。实践表明，鲜蜂王浆采集后立即冷冻，则王浆酸不易结晶，如果在室内存放，易形成结晶，室内存放的时间越长，冷冻后的结晶颗粒也就越明显。

26. 冷冻后的鲜蜂王浆如何解冻才能不破坏其营养成分
冷冻后的鲜蜂王浆解冻办法，因条件不同可以采用不同的方法，如果家有冰箱，可将冷冻蜂王浆（图 5-1）放在保鲜（层）柜（即冷藏室）中，让其自然解冻。没有冰箱的，可将蜂王浆瓶套在塑料袋内，密封好，泡入凉水中自然解冻，如有条件的话，可将其放在流动的水中，解冻更快，但绝对不能用热水浸泡或在阳光下暴晒解冻，以免破坏蜂王浆的营养成分。

27. 蜂王浆用什么容器盛装为好　盛装蜂王浆的容器很有讲究，并非什么容器都可以，特别是不可用金属容器，如铁、铝、铜等金属容器盛装，这类容器易与蜂王浆发生反应，从而导致变质。盛装蜂王浆也不宜用透明容器，以暗棕色玻璃瓶或乳白色、无毒专用塑料瓶为宜。使用前，容器要洗净、消毒并晾干。消毒可采用酒精浸洗的方法，也可高温蒸、煮消毒。盛装蜂王浆时，容器可以装满，尽量不留空间，口盖要拧紧，外用蜂蜡或橡皮膏密封，减少与空气接触，避免发生氧化还原反应。

28. 家庭怎样保存蜂王浆　消费者在购买新鲜蜂王浆后，应装入棕色瓶中密封保存，将其放在家用冰箱的冷冻室内，温度保持在－10℃以下，可保存 2 年不变质。如果没有冰箱，要在常温下保存的话，可以将蜂王浆与高浓度蜂蜜混合均匀后保存。因为蜂蜜是一种糖类物质，而且浓度较高，能抑制细菌的繁殖，同时把蜂王浆与蜂蜜混合服用，比单纯服用蜂王浆具有更好的效果。储存在蜂蜜中的蜂王浆浓度以 5％最为适宜，即每 5 克蜂王浆与 95 克蜂蜜混合均匀，这种蜂王浆蜜可在室内保存 1～2 个月不会变质。但服用这种蜂王浆蜜时，每次都要充分摇匀，因为蜂王浆和蜂蜜的相对密度不同。蜂王浆易浮于蜂蜜的上部，如不摇匀会影响服用蜂王浆的剂量和效果。用冰

箱来冷冻保存蜂王浆可以达到长期保鲜的目的。实践证明，在
$-7℃\sim-5℃$条件下，存放一年，蜂王浆的成分基本没有变
化，在$-18℃$的条件下可存放数年，不会变质。为了食用方
便，可以用小塑料瓶进行分装，将$1\sim2$个星期用量的蜂王浆
放在冰箱的冷藏室，其他的放在冰箱的冷冻室。

29. 冷冻的鲜蜂王浆可以直接服用吗　冷冻鲜蜂王浆完全
可以直接服用，不需要解冻，可直接用不锈钢勺挑取服用，含
在口中慢慢咽下。有的消费者认为，蜂王浆冷冻后难以挑取，
有些不方便。要解决这个问题也很简单，就是将蜂王浆与蜂蜜
按$1:1$的比例配制（配制时蜂王浆需解冻），然后在冰箱的冷
冻室保存，这种冰冻的王浆就很容易挑取，服用很方便，同时
还改善了蜂王浆的口味，服用时的口感较好。

30. 蜂王浆反复解冻会产生有害物质吗　蜂王浆必须在冰
箱或冷库中低温冷冻保藏，在加工配制时再解冻，这是很普通
的常识。然而，在某省的报纸、公共汽车等媒体的广告宣传中
称，"食品反复多次冷冻、解冻，容易产生某些致癌物质……
冰冻蜂王浆等食品从低温的冷冻恢复到冰点以上的解冻状态，
其细胞膜遭受到较严重的损伤，细胞汁液大量流失……"等。
这完全是无科学依据的误导消费者的宣传。

到目前为止，国内外还未见冰冻蜂王浆解冻时会产生有害
物质和致癌物质的报道。研究表明，冰冻的蜂王浆在解冻时，
王浆中的各种分子运动非常缓慢，不会产生任何剧烈的化学变
化，对其有效成分和功效的影响甚微，更不会产生有毒物质和
致癌物质。日本、美国是我国冰冻蜂王浆出口的主要国家，它
们对进口食品的检验和控制在国际上是非常严格的，难道他们
会进口经解冻就产生有害物质的冷冻蜂王浆吗？特别应指出的
是，蜂王浆是蜜蜂的咽下腺和上颚腺分泌的营养物质，与牛奶
是奶牛的分泌物一样，并非生物体，根本不存在细胞结构和细
胞膜，说什么冷冻蜂王浆解冻"其细胞膜遭受到较严重的损

伤"，纯属无稽之谈。就以细胞来说，冷冻也不一定就造成严重损伤，如精子是具有生命活动的生殖细胞，通过超低温液氮（$-196\ ℃$）冷冻的精子可以长期保存，解冻后的精子可以与卵子结合授精，形成新的生命。如果冷冻的精子通过解冻就产生有害物质和细胞膜损伤的话，怎么能与卵子结合形成新的生命体？由此可见，蜂王浆解冻会产生有害物质是没有科学根据的。鲜蜂王浆必须冷冻保存，解冻也不会产生有害物质。

31. 怎样才能购到优质蜂王浆　消费者购买蜂王浆的渠道比较多，如蜂产品公司、蜂产品商店、养蜂场等。然而，当今的蜂产品市场还不规范，鱼目混杂、良莠不齐，伪劣品屡见不鲜，消费者在购买时需多加注意。有条件的可以直接到养蜂场，购买刚采集的鲜蜂王浆。当然更主要的还是到蜂产品公司的专营商店购买，由于专营蜂产品公司的冷冻保鲜等条件较好，对所收购的蜂王浆要进行质量检测，所以售出的蜂王浆质量比较可靠，特别是应选择信誉可靠的知名品牌，不要购买信誉不好的商店或个人销售的蜂王浆，以防上当受骗。如今蜂产品市场鱼目混珠，各种产品良莠不齐。消费者在购买蜂王浆产品时一定要选择信誉好的蜂产品专卖店或可靠的品牌，最好不要购买摊贩兜售的蜂王浆，千万注意别图便宜买了假冒伪劣产品；其次，购买时要注意检查，起码对蜂王浆的感官指标要做详细的检查，尽可能避免上当受骗；最后，购买蜂王浆后必须及时进行低温储存，避免蜂王浆发生变质。

32. 为什么有的蜂王浆价格特别低　目前，国内鲜蜂王浆的零售价格都在每千克 300～600 元，但市场上有的每千克只卖 100 元左右，为何如此便宜呢？这些主要是已被提取王浆酸的蜂王浆，行话叫"抽精浆"。因为我国生产的蜂王浆有相当大一部分要出口到日本，而日本要求王浆酸的指标很高，超过蜂王浆本身的实际含量，因此就将王浆酸提取后加入到出口蜂王浆中来提高其含量，而提取王浆酸后的蜂王浆只有低价内销，所以售价很低。

33. 蜂王浆为什么有养颜美容功效呢 蜂王浆之所以有奇妙的养颜美容功效，根据"秀外必先养内"的中医理论可以找到答案。祖国医学认为，人体是一个有机的整体，皮肤的颜色、荣枯与五脏经络气血关系相当密切。只有脏腑功能正常，经络气血旺盛，才能容貌不衰，皮肤细腻柔嫩，光滑润泽。然而，当前很多人认为美容、化妆、护肤仅仅是面部皮肤的保养。这种理解是很片面的。法国美容大师、营养学博士帕达克明确指出："人应该利用食物的美容功能，结合遗传因素调整饮食结构，从而在成长中尽可能达到尽善尽美，这才是未来美容的必然趋势，而现在一心向往美的人往往忽视了这一关键性的问题，只热衷于进美容院。"可见，人体的营养平衡和注重整体调理是美容的根本。在这方面，营养成分齐全的蜂王浆具有独特的优势。分析表明，蜂王浆中含有人体必需的营养素，如蛋白质、氨基酸、维生素、微量元素、酶类、脂类、糖类、磷酸化合物、激素等，还有一些未知营养物质。蜂王浆中丰富的营养成分不仅能补充人体必需的营养，相互巧妙结合，神奇地调节机体新陈代谢，增强体质，它还有很多具有美容功效的物质，起到养颜美容的作用。如蜂王浆所含多肽类生长因子，能较全面地促进细胞代谢、分裂和再生，使衰老的细胞为新细胞所代替。蜂王浆所含丰富的维生素中，维生素 A 可促进皮肤代谢，保护上皮细胞，使肤质柔润、光洁、富于弹性，特别是能使眼睛明亮而有神；维生素 B_2 是抗皮炎的特效物质，可防治和清除面部色素斑与粉刺；维生素 B_3 可改善皮肤代谢、加速血液循环；维生素 B_5 有益于皮肤、神经组织，增强触觉的敏感性；维生素 B_6 可抑制皮脂腺活动，减少皮脂分泌，治疗脂溢性皮炎，使皮肤光洁柔润，还可延缓皮肤出现皱纹；维生素 B_{12} 为造血物质，可增加血红蛋白，使肤色红润而富于朝气；维生素 C 是黑色素的"克星"，可使皮肤洁白细嫩，被誉为美容维生素；维生素 E 可保持皮肤弹性，延缓皮肤松弛、早衰；维生素 H 可加速皮肤细胞代谢，防治毛囊炎发生。蜂王浆所含超氧化物歧化酶可清除自由基，能减少和消除褐色素的积累，消除老年斑。蜂王浆所含王浆酸能显著抑制酪氨酸酶的活性，可以阻止黑色素的形成，并有促进脱发再生的功效。所含性激素参加机体蛋白、脂肪和糖代谢，可保护皮肤的湿润，预防皮肤皱褶，壮骨和参与毛发生长等。此外，服用蜂王浆对养颜美容还有以下直接作用：

（1）防治贫血的美容作用：贫血的人易头晕、疲劳、面色苍白、肌肉松弛、眼睛无神，涂搽任何化妆品都无济于事。服用蜂王浆能促进造血功能，对贫血有很好的防治效果，可使服用者红光满面，充满青春活力和魅力。

（2）防治便秘的美容作用：便秘是美容的大敌。大便不通，阻塞肠道，大便中的毒素被血液吸收，造成血液污染，使面部皮肤失去光泽和弹性，长出粉刺、雀斑等。一旦大便畅通，以上症状就自然消失。而服用蜂王浆有很好的防治便秘的效果。

（3）催眠的美容作用：充足的睡眠不仅能获得健康的体魄和充沛的精力，还是皮肤健美的秘诀之一。睡眠不足和失眠的人容易出现黑眼圈和皱纹，尤其是鱼尾纹，使皮肤过早衰老。而服用蜂王浆有很好的催眠作用，可使失眠患者的睡眠得到改善。

（4）减肥的美容作用：随着生活水平的提高和饮食结构的改变。肥胖者日趋增加，有损健康和体形美。研究发现，肥胖并不完全是由于营养过剩造成的，而是缺乏某些能使脂肪转化为能量的营养物质，特别是维生素 B_2、维生素 B_5、维生素 B_6 的缺乏，使体内脂肪不能转化为能量释放出来所致。蜂王浆中含有丰富的 B 族维生素，因而有减肥作用。

（5）保肝的美容作用：现代研究表明，女性皮肤白嫩，富有弹性，主要在于肝功能健全，一旦肝脏营养不良，功能异常，皮肤就自然出现病变。而蜂王浆所含大量优质活性蛋白，对增强肝脏功能有重要作用，可以加强肝脏的解毒功能，具有保肝、美容养颜的作用。

34. 蜂王浆有无副作用　蜂王浆作为一种高级营养滋补品，已受到越来越多的人青睐。蜂王浆是否有副作用的问题，也是人们所关心的。经实验证明，蜂王浆几乎没有什么副作用。日本的科学家用大鼠和小鼠做实验，给小鼠腹腔注射蜂王浆的剂量大于等于5 000毫克/千克体重，大鼠腹腔注射蜂王浆的剂量10 000毫克/千克体重时，可见呼吸急促、扭体，自发活动减少，注射后24～96小时可见部分小鼠死亡。给大鼠每日每千克体重以300、1 000和3 000毫克剂量的蜂王浆分别连续腹腔注射5周，未见明显毒性作用和副作用产生，仅见血中转氨酶活性降低，卵巢重量减轻，而肝、脾和肾上腺重量增加；但对大鼠的生长、进食量、饮水量无影响，血液和尿化验分析亦无异常改变。中国农科院蜜蜂研究所骆尚骅在研究蜂王浆对动物急性中毒试验中发现，蜂王浆可使试验动物提高蛋白质和氨基酸的利用率，能促进动物生长，而对试验动物的血液、肝、肾功能无任何毒性作用。目前国内外的研究中尚未发现蜂王浆引起严重副作用的报道，仅日本学者1983年首次报道了因蜂王浆引起的皮炎。还有报道称，在用蜂王浆治疗过程中，有的患者出现某些不良反应，如腹泻、口干、心率加快等。福州市肺科医院中西结合蜜蜂医疗主治医师陈意柯1995年报道，一位患者因食用蜂王浆蜜出现严重变态反应。湖北襄阳一离休干部告知，他因冠心病，每次服蜂王浆0.5克，连续2次均有心动加速现象。有个别消费者服用蜂王浆后有腹泻现象。

蜂王浆是营养佳品，并有医疗保健功效，这是没有争议的。但蜂王浆与许多食物和药物一样，其中某种成分对个别人可能是致敏原。因服用蜂王浆引起严重变态反应，虽属罕见病例，但为了安全起见，特别是过敏体质者，服用蜂王浆应从小剂量开始，无不良反应后方可逐步增加到应服剂量，并应在医生的指导下服用，以防万一。

35. 蜂王浆能否引起性早熟　医学上把性器官未到发育年龄而超前发育称为性早熟。众所周知，儿童性发育的迟早受多种因素的影响，如地理环境、家庭环境、气候变化、所受教育程度、影视、图书画报、饮食等，性成熟的提前是一个世界性问题。一般来讲，性成熟是外国比中国提前，城市比农村提前，现在比过去提前，女性比男性提前。女性初潮平均年龄：美国为 12.6 岁（1968 年），英国为 13 岁（1966 年），日本为 12.9 岁（1966 年），印度为 14.5 岁（1967 年）；北京市为 14.5 岁（1963—1964 年），1980 年已提前至 13.26 岁。1998 年，杭州市首次大规模生理成熟调查显示，10 岁女孩进入青春发育的占 9.02%，11 岁占 20.9%，12 岁占 53.2%。由此可见，无论是外国或我国，性成熟均在提前。可是真正能吃上蜂王浆的人，特别是儿童，是极少极少的。具体到每个儿童要具体分析，不能随便下结论，要有科学的依据。从医学角度看，还不能认为蜂王浆是引起性早熟的因素。从药效学实验来看，我国新药审批办法中规定，确定新药对某些器官的作用，必须要有药效数据作依据。一般用 20 只大鼠，分 2～3 个剂量组，并有严格的对照实验，所得到的数据做统计学处理后必须有统计意义，P 值应小于 0.05 才认为有差异。有此基础才能做临床观察。一般可采用 100～300 例，有些作用可做 30～50 例，设对照组做观察。观察结果做统计学处理，看是否有统计学意义，P 值也应小于 0.05。否则仅凭个别人反应是没有统计学意义的，不能作为依据而下结论，新闻媒体也应以实验和文献作依据进行报道。到目前为止，还未见到一份完整的有关蜂王浆能引起性早熟的药效学和临床学的试验报告。因此，蜂王浆可使儿童发生性早熟的科学依据还不足。从蜂王浆所含性激素对人体的作用来看，每 100 克鲜蜂王浆中含雌二醇 0.416 7 微克、睾酮 0.108 2 微克、黄体酮 0.116 6 微克，不会超过 0.8 微克。一般每人每月补充性激素的量应在 5 000～7 000 微克，如果每日食用蜂王浆 10 克，1 个月仅食用 300 克，也只吃进 2.4 微克性激素，就按人体需要最低量 5 000 微克计算，从蜂王浆中吃进的性激素为安全量的 2.4/5 000，因为每 100 克蜂王浆含性激素约 0.8 微克，要达到 5 000 微克，则需要吃进 625 千克蜂王浆。所以，不管如何大剂量服用蜂王浆，都不可能起到促进性早熟的作用。蜂王浆中的性激素更不可能有毒，也不可能产生副作用。

36. 日本人为何特别青睐蜂王浆，而使日本成为蜂王浆消费大国　日本是当今世界上蜂王浆人均消费最多的国家。据日本 1995 年出版的，由医学博士杉靖三郎监修的《健康·营养食品事典》介绍，蜂王浆是保健食品的"横纲"（在日本，把相扑最高级别中，最优秀的大力士称为"横纲"）。其意思是说，蜂王浆在保健食品中是首屈一指的、最优秀的产品。蜂王浆在日本畅销已有几十年的历史，被称为长寿健康食品。日本的蜂王浆不仅消费量大，价格也很贵。20 世纪末，蜂王浆零售价 1 千克为 45 000～50 000 日元，折合人民币为 2 700～3 000元。2003 年，鲜蜂王浆每千克售价 72 638 日元，折合人民币为 5 100 元。蜂王浆价格在日本市场上如此之高，而且能成为蜂王浆的消费大国，主要原因有以下两点：

一是蜂王浆有延年益寿的功效。日本人在 20 世纪 20 年代平均寿命不到 45 岁，30 年代后，日本人的平均寿命逐年提高。到 20 世纪末，日本人就成了人均寿命最长的民族。据日本公布的数字表明，2000 年男性平均寿命为 77.72 岁，女性平均寿命为 84.6 岁，不到一个世纪，日本一跃成为世界上最长寿的民族。除非常重视体育锻炼等因素外，普及食用蜂王浆也是重要原因之一。正如玉川大学一位教授所说："30 多年来，日本人的身高增加了，寿命延长了，也受益于蜂王浆。"日本学者松田正义评价蜂王浆的效用时说："人们誉蜂王浆为自有青霉素以来的宝药。"青霉素使人类减少了死亡，蜂王浆给人类带来了长寿。森下敬一博士通过研究认为，蜂王浆有防止衰老和返老还童的作用，其作用机制主要是作用于间脑的结果。研究证实，腮腺激素具有显著的抗衰老的效用，而蜂王浆里含有与腮腺激素极其相似的物质类腮腺激素。

二是蜂王浆能防治多种疾病，特别是原因不明的疑难症。医学博士森下敬一所著《蜂王浆的应用》中，比较系统地介绍了蜂王浆的有效成分、药理作用、抗癌作用、治疗病例等，并详细介绍了在临床上用于治疗濒死的重症患者、亚健康者，以及肠胃病、高血压病、低血压病、动脉硬化症、体质虚弱、肝病、更年期综合征、精神障碍、前列腺肥大、痔疮、神经痛、风湿病、各种皮肤病、气喘、脚气、心脏病、结核、肾脏病等病例。医学博士浚会浩根据临床病例归纳了蜂王浆的效用后认为，蜂王浆确有防治多种疾病和延年益寿的功效，特别是一些原因不明的疑难病，用蜂王浆就能把它医好。实践表明，蜂王浆确实是除众疾、抗衰延年的珍品。因此，在健康食品热和天然食品热方兴未艾的日本，蜂王浆格外受到消费者青睐。

37. 蜂王浆为什么能有"返老还童"的作用　早在 1958年 4 月，美国《肌肉的力量》杂志上有一篇摘录，特别提到蜂蜜和蜂王浆，说蜂王浆阻止身体的退化，增进活力，能使中老年人返老还童。法国养蜂家弗朗赛·贝尔维费尔从 1933 年起对蜂王浆做了多年研究，他也认为蜂王浆有返老还童作用。实践证明，蜂王浆对老年病有良好的预防和治疗作用，能改变某些衰老现象，可使老年人精神焕发，青春再现，因而被确认蜂王浆有返老还童的作用。江苏淮阴县国税局直属分局 60 岁的陈先生身患多种疾病，1997 年 5 月开始服用蜂王浆，一直坚持未间断，不仅治好了低血压、低血糖、胃炎、十二指肠球部溃疡等多种疾病，而且原来头发已有1/3变白，后来白发基本消失，头发变得黑而光亮，稀发变密，细发变粗，这个奇迹让同龄人惊叹不已。华中农业大学植保系李教授70多岁时满头银发，白眉白须。他88岁时开始坚持服用蜂王浆。两年后，家属惊奇地发现他脑后白发全部变黑，已秃顶处又生出许多黑发，眉毛除数根较粗者外，其余的全都变黑，上唇胡须由白变成黑白相间，下巴上的胡须全部变黑。以前他只能室内散步，脚无力，手颤抖（患帕金森症）不能饮食，服蜂王浆后能到室外小跑，且走路有力，可以自己饮食，食欲旺盛，睡眠良好，思维敏捷，体力增强，神奇地出现返老还童的变化。

日本医学博士森下敬一认为，蜂王浆的返老还童作用主要是作用于间脑的结果。间脑里有自主神经的中枢，自主神经有交感神经和副交感神经两种。两者对抗活动来调整统一内脏、腺体、血管等生理功能。蜂王浆可使间脑功能健全，使自主神经有利于保持平衡，充满活力，并能很好地控制全身的物质代谢。间脑也是分泌功能的中枢。间脑刺激脑垂体来支配甲状腺、肾上腺皮质、生殖腺等的活动。蜂王浆使间脑功能健全，内分泌功能也就正常了，从而充分调动起整个机体的旺盛活力。

总之，蜂王浆的复壮作用是通过促进内分泌腺的活动及细胞的再生而产生效果的。由于组织代谢过程的改善和再生作用加强，使整个机体也得到了更新，这就是蜂王浆能使人返老还童、维持青春常驻的原因所在。

38. 鲜蜂王浆与王浆口服液有什么区别　我国消费者是在20世纪90年代后才开始慢慢地认识鲜蜂王浆的，以前在我国蜂产品市场上流行较广的是王浆口服液。直到现在，还有一些人将鲜蜂王浆和王浆口服液混为一谈，一听说蜂王浆就认为是王浆口服液，其实鲜蜂王浆与王浆口服液是有很大区别的。

（1）有效成分的含量不同：鲜蜂王浆是直接从蜂群中取出来的，除了过滤外不经任何加工，不掺任何其他原料，是百分之百的纯品；而王浆口服液是一种王浆制品，其中鲜蜂王浆的含量大多在 1%～10%，其他都是蜂蜜、水及中草药提取物等。

（2）新鲜度不同：鲜蜂王浆从蜂群取出后就置于低温下保存，所含各种活性物质一般都完好无损或损失很少；而王浆口服液通常都是在常温下保存，里面的蜂王浆活性物质自然会受到很大的损失。

（3）效果不同：由于两者在有效成分的含量和新鲜度上都有很大的差别，这就决定了它们对人体的作用效果也不一样，鲜蜂王浆与相同剂量的王浆口服液相比，其效果要强得多。

39. 如何配制王浆蜜　将蜂王浆和蜂蜜调和，配制成王浆蜜，可以延长蜂王浆在常温下的保存时间（保存期 3 个月左右）；也可调整口味，一些人比较难于接受蜂王浆酸、涩、辣的口味，调入蜂蜜后有利于更多的人接受；还有蜂王浆和蜂蜜相配使营养更加全面。方法是将一定量的蜂王浆放入瓷质容器（或不锈钢容器中），边搅拌边加入少量蜂蜜，混合均匀后再加入适量蜂蜜，实行递增法，直至够量为止。蜂王浆和蜂蜜的配比根据个人的需要而定，出于保健目的的蜂王浆比例可低一些，如果是治疗用，蜂王浆的比例则调高些。一般蜂王浆与蜂蜜的正常比例在 1：5～1：10。王浆蜜储存的时间长了，蜂王浆和蜂蜜会发生分层现象，这不是变质，在服用前搅拌均匀即可。

40. 为什么糖尿病患者不宜服用蜂王浆蜜　蜂王浆对糖尿病有很好的防治效果，但糖尿病患者只能服用纯鲜蜂王浆，不能服蜂王浆蜜，即不能将蜂王浆与蜂蜜混合后服用。因蜂蜜含较多葡萄糖和少量蔗糖，更不能买非天然蜂蜜。此类蜂蜜蔗糖含量高，尤其要避免服用掺有玉米加工的果葡糖浆和人工转化糖等假蜂蜜。否则，不仅不能降低血糖，反而会升高血糖，对糖尿病极为不利。因此，糖尿病患者只能服冷冻保存的鲜蜂王浆，不能服王浆蜜。

41. 蜂王浆能与其他蜂产品同时服用吗 蜂王浆、蜂蜜、蜂花粉、蜂胶等产品的成分、功效都不尽相同，各有其特点，它们既可以单独服用也可以按比例混合在一起服用。混合后服用，它们之间的成分、功效将会起相辅相成的作用，更能发挥营养保健、祛病强身的功效。钱某，男，1970年出生，湖南株洲某厂下岗职工。2000年春季患贫血，先后5次入住地市级医院治疗，4次去湘雅医院检查，耗资数万元，病因一直不明。医师称，药物治疗根本无效，已经停止药物治疗，靠输血维持生命。20天左右，需输血1次，每次费用500余元。负债累累，家徒四壁。株洲晚报于2001年7月16日向社会发起求助，当日下午，株洲的王佐安先生无偿向患者赠送蜂王浆500克，荞麦花粉500克，水溶性蜂胶浓缩液50克，枣花蜜1 850克，将其混匀，嘱其40天服完。服用30天后，患者及其家属登门向王先生道谢，称效果良好，症状缓解。他最后1次输血时间是2001年7月4日，自服用复合蜂产品后，再未作其他治疗，也未再输血，由于一直坚持服用复合蜂产品（用量以后有所减少），身体状况明显好转。服后3个月钱某就能接揽电焊业务做，由于电焊弧光辐射对造血功能有损害，就帮人开车，每天能坚持十多个小时的繁重工作。复合蜂产品使原因不明的恶性贫血患者康复，显示蜂王浆、蜂蜜、蜂花粉和蜂胶相辅相成的良好治疗功效。

42. 怎样用蜂王浆美容 蜂王浆是理想的周身美容剂，美容的方法主要是：

（1）食用：食用蜂王浆后，通过调整机体代谢和加强机体对疾病的防御功能，能使人延缓衰老。蜂王浆的美容效果在人的外观上表现最为明显，脸部和头发都显示出青春活力，具有不可取代的美容功效。

（2）涂搽：先将脸洗干净，取少许蜂王浆均匀地搽在脸上，并轻轻地按摩面部2～3分钟。10分钟后就会感觉到脸开始有紧绷感，20分钟后完全干透，用手轻触，觉得不粘手后，用清水洗净，再擦点护肤霜即可。如果是已配制好的美容制品使用更方便，直接涂搽并轻轻按摩即可。

（3）面膜：将蜂王浆作为面膜直接涂于面部，30分钟后用清水洗去，皮肤有明显轻松感，如果经常使用，可使皮肤嫩白，减少皱纹，并能去除雀斑和老年斑。

43. 蜂王浆美容验方集汇　蜂王浆内服可以起到保健作用，也可起到美容颜面、营养皮肤的作用。蜂王浆外用同样可收到良好的美容效果。下面就介绍常用的一些美容验方：

（1）蜂王浆美颜膏

【配方】新鲜蜂王浆。

【用法】每日早晚用温水洗脸后，取蜂王浆1～2克涂敷脸面，并用手轻轻按摩、揉搓面部，感到微热时停止，30分钟后洗去，长期坚持使用。

【功效】祛除面部及眼角皱纹和色斑、老年斑、青春痘等。

（2）蜂王浆护肤蜜

【配方】蜂王浆、白色蜂蜜各适量。

【用法】将蜂王浆研磨，加等量白色蜂蜜，与之混合均匀，备用。每日早晚洗脸后取2克于手心，蘸少许水（以不粘手为宜）轻轻揉敷到面部，30分钟后洗去。

【功效】除皱，护肤，美容。

（3）蜂王浆营养膜

【配方】蜂王浆5克，氧化锌2克，淀粉10克。

【用法】将蜂王浆、氧化锌、淀粉与少量水调制成糊状，睡前涂抹到面部，形成面膜，30分钟后洗去。每日1次。

【功效】润肤除皱，祛斑美容。

（4）蜂王浆甘油面膜

【配方】蜂王浆 5 克，甘油 10 克，氧化锌 2 克，淀粉 10 克。

【用法】先将淀粉加少量水调制成糊状，再调入甘油、氧化锌和蜂王浆，混匀，用时将其涂敷于面部，形成面膜，20～30 分钟后取下。每周 1～2 次。

【功效】滋润皮肤，除斑去皱，防治黑色素沉积。

（5）蜂王浆花粉膏

【配方】蜂王浆 20 克，破壁蜂花粉 20 克，蜂蜜 20 克。

【用法】将以上 3 种蜂产品混合调匀，制成膏，每晚睡前洗脸后，取少量涂于面部，揉搓片刻，第 2 日清晨洗去。

【功效】营养皮肤，增白养颜，去皱。

（6）蜂王浆蜡膜

【配方】蜂王浆 5 克，蜂蜡 10 克，鱼肝油 5 克。

【用法】先将蜂蜡加热熔化，拌入鱼肝油，搅拌成膏状，调入蜂王浆搅匀即成。每晚睡前涂在脸部，轻轻按摩片刻，第 2 日清晨用温水洗去。

【功效】滋润、保护皮肤，养颜驻容。

（7）蜂王浆甘油软膏

【配方】蜂王浆 5 克，甘油 5 克，姜汁、奶粉适量。

【用法】将鲜王浆与甘油、姜汁、奶粉混匀，调制成软膏，装入瓶中备用。早晚洗脸后，取 2 克涂抹于脸面及患处。个别患处可涂抹数次。

【功效】滋润皮肤，消除面部痤疮等。

（8）蜂王浆香脂

【配方】蜂王浆 20 克，香脂 50 克。

【用法】将蜂王浆与香脂混合后调匀，装瓶备用（最好存放于冰箱中）。每次洗脸后，涂抹少许于皮肤上，揉搓均匀，连续使用。

【功效】美容增白，护肤养颜。

（9）蜂王浆甘油

【配方】蜂王浆 5 克，甘油 10 克。

【用法】将蜂王浆研磨，与甘油混匀。早晚各 1 次涂抹于患处。

【功效】适用于面部青春痘。

（10）蜂王浆姜汁

【配方】蜂王浆 5 克，姜块适量。

【用法】取鲜姜洗净，榨取姜汁，与蜂王浆混合均匀。每晚睡前将其涂抹于眼眉部位，于第 2 日清晨洗去，连续用25～30 日，可显效。

【功效】适用于眉毛稀少、脱落。

（11）蜂王浆养颜膏

【配方】蜂王浆 10 克，2％蜂胶酊 3 毫升。

【用法】将蜂王浆与蜂胶酊混合，调匀。用时取 2 克均匀涂抹到面部，轻轻揉搓片刻，每晚 1 次，第 2 日清晨洗去。

【功效】杀菌消炎，养颜润肤，常用可保持面部红润光泽，富有弹性，皱纹减少或消失。

（12）蜂王浆蛋清

【配方】蜂王浆 50 克，生鸡蛋清 1/2 个。

【用法】将鸡蛋清打入碗中，调入蜂王浆，搅匀，存放于冰箱中。温水洗脸后，取 2～3 克揉搓到面部，保持 30 分钟后洗去，每日 1 次。

【功效】营养、滋润皮肤，可使皮肤红润嫩白。

（13）蜂王浆柠檬蜜

【配方】蜂王浆 10 克，柠檬汁 8 毫升，白色蜂蜜 7 克。

【用法】柠檬汁过滤后与蜂王浆、蜂蜜混合，调匀。每晚睡前洗脸后，取 3 克涂到面部，轻轻揉搓片刻，第 2 日清晨用清水洗去。

【功效】养颜，净面，驻容，可使皮肤柔嫩细腻，面部粉刺消退。

（14）蜂王浆养肤油

【配方】蜂王浆 20 克，蛋黄 1 个，植物油 10 克。

【用法】将蛋黄打入碗中，调入蜂王浆和植物油，搅匀成膏状。洗脸后取 5 克搓到脸上，保持 30 分钟，用温热水洗去，每周 2 次，或每隔 3 日 1 次，连用 7～10 次可显效。

【功效】适用于干燥性衰萎的皮肤，可使皮肤爽净、细嫩，皱纹减少或消退。

（15）蜂王浆护发生发水

【配方】蜂王浆 5 克，蜂蜜 5 克，1％蜂胶乙醇液 2 毫升。

【用法】将蜂王浆、蜂蜜、蜂胶液混合，调匀。傍晚洗发后，将其洒到头发和脱发部位头皮上，揉搓均匀，每 3 日 1 次，坚持 3 个月可显效。

【功效】养发、护发、乌发，适用于脱发、断发、白发及黄发。

（16）蜂王浆护发液

【配方】蜂王浆 5 克，鲜牛奶 5 克。

【用法】将蜂王浆与鲜牛奶混合后调匀。洗发后将其洒到头发及头皮上，轻轻揉搓头发和头皮，使之均匀分布，保持 30 分钟后洗去。

【功效】养发护发，乌发生发，可使头发黑亮、富有柔性，有效防治断发、黄发。

44. 蜂王浆有哪"七怕" 蜂王浆有七怕：一怕空气（氧气），蜂王浆在常温条件下有很强的吸氧性，容易发生氧化；二怕热，高温会破坏蜂王浆的有效成分；三怕光线，光线就如同催化剂，使蜂王浆中的醛、酮物质分解；四怕细菌污染，蜂王浆在常温下很容易受到细菌污染，放置 15～30 天，颜色变成黄褐色，而且腐败，散发出强烈的恶臭味，并有气泡产生；

五怕金属，蜂王浆有一定酸性，会与金属发生反应；六怕酸；七怕碱，酸、碱都会破坏蜂王浆的营养成分。蜂王浆的"七怕"特性，使其储存、加工、包装、携带和消费等过程中都必须注意。

45. 蜂王浆的主要化学成分是什么　蜂王浆的化学成分非常复杂，一般含水分 62.5％～70％，干物质 30％～37.5％。干物质包括蛋白质 36％～55％、糖 20％～39％、脂肪7.5％～15％、矿物质 0.9％～3％、未确定物质2.84％～3％，以及维生素、有机酸、酶、激素等多种生物活性物质。

46. 蜂王浆的产品等级和理化要求

指　　　标		优等品	合格品
水分/%	≤	67.5	69.0
10-羟基-2-癸烯酸/%	≥	1.8	1.4
蛋白质/%		11～16	
总糖（以葡萄糖计）/%	≤	15	
灰分/%	≤	1.5	
酸度（1摩尔/升 NaOH）/（10微升/克）		30～53	
淀粉		不得检出	

47. 什么是王浆酸　科学家已经从蜂王浆中分离出一种有机酸，其分子式为 $C_{10}H_{18}O_3$，称为 10-羟基-2-癸烯酸（简称10-HDA），是蜂王浆的重要成分之一，是一种特殊的不饱和有机酸，蜂王浆的许多性质如气味、pH 等都与它有关。由于这种酸在自然界的其他任何物质中都没有，只存在于蜂王浆中，所以也被称为王浆酸。10-羟基-2-癸烯酸含量是蜂王浆质量的重要指标之一，一般含量在 1.4％～3％，占总脂肪酸的50％以上。分离出的纯王浆酸呈白色晶体，在新鲜的蜂王浆中多以游离形式存在，性质比较稳定，有很好的杀菌、抑菌作用

和抗癌、抗辐射功能。10-羟基-2-癸烯酸大大提高了蜂王浆的保健和医疗效用。

48. 蜂王浆中含有多少种氨基酸 蜂王浆中含有 20 多种氨基酸。除蛋氨酸、缬氨酸、异亮氨酸、赖氨酸、苏氨酸、色氨酸、苯丙氨酸、精氨酸、组氨酸等人体不能合成而又必需的几种外，还含有丙氨酸、谷氨酸、谷氨酰胺、天门冬氨酸、甘氨酸、胱氨酸、半胱氨酸、脯氨酸、酪氨酸、丝氨酸等。

49. 蜂王浆中含有多少种维生素 蜂王浆中含有丰富的维生素，特别是 B 族维生素含量最为丰富，其次是维生素 A、维生素 D、维生素 K 和少量的维生素 E。蜂王浆中还含有乙酰胆碱、烟酸、叶酸、肌醇、醋胆素、泛酸、生物素等维生素族物质。

50. 蜂王浆中所含激素主要作用是什么 蜂王浆中含有调节生理机能和物质代谢、激活和抑制机体引起某些器官生理变化的激素，从而使蜂王浆应用于治疗风湿病、神经功能症、更年期综合征、性功能失调、不孕症、前列腺癌、乳腺癌、延缓衰老等。由于蜂王浆中激素的种类和含量合理，配比科学，相互间是协调、平衡和统一的，加之食用量比较稳定，不足以引起机体产生副作用和失调现象，食用者不必有任何顾虑。

51. 蜂王浆中所含酶类主要有哪些 蜂王浆含有丰富的酶类，主要有异性胆碱酯酶、抗坏血酸氧化酶、酸性磷酸酶、碱性磷酸酶，此外还含有脂肪酶、淀粉酶、醛缩酶、转氨酶、葡萄糖氧化酶等重要酶类。

52. 不同季节和地区以及不同花粉源对蜂王浆成分有何影响 不同季节、地区、花粉源，所产的蜂王浆成分也有一定差异。一般情况是，春季产的蜂王浆，其有效成分高于夏季和秋季；湿润地区所产蜂王浆的水分稍高于干燥地区生产的；花期长、蜜粉源多的花源期所产蜂王浆，不仅产量高，其有效成分也相应提高。

53.《中华本草》中确定了蜂王浆哪些药理作用　《中华本草》由上海科技出版社出版，蜂王浆编号为 8135，其在9.216～9.218 中，明确蜂王浆有九大药理作用：

（1）延缓衰老，促进生长：蜂王浆能延长果蝇、昆虫、小鼠、豚鼠及其他动物寿命，显著降低小鼠自然死亡率。蜂王浆还能加速小鼠、家兔等的生长发育。

蜂王浆有促进组织再生能力，给机械夹伤或切断坐骨神经的大鼠喂饲蜂王浆，可使损伤初期病理变化减轻，切断的神经纤维再生加快，损伤神经的后肢反射活动恢复加快，蜂王浆还可使大鼠肾组织重量增加，再生活跃。

（2）增强机体抵抗能力：蜂王浆 10 毫克/只给小鼠腹腔注射 10 日，小鼠耐低压缺氧、耐高温能力有一定增强。

（3）对内分泌系统的影响：蜂王浆提取物能使未成熟小鼠卵巢重量增加，卵泡成熟加快，且性成熟时间与蜂王浆剂量成正比例关系。蜂王浆有促肾上腺皮质激素样作用。

（4）降脂、降糖作用及其对代谢方面的影响：100 毫克/千克和 200 毫克/千克的蜂王浆给高胆固醇饮食家兔分别注射 7 星期，显著降低血清胆固醇（TC）水平，但对血清磷脂、三酰甘油（TG）等无明显影响。

（5）对心血管系统的影响：蜂王浆 1∶10 000 或 1∶20 000即对斯氏离体蛙心有显著抑制作用。狗、兔、猫等实验表明，0.1～1.0 毫克/千克蜂王浆静脉注射可使血压迅速降低，持续约 1 分钟即可恢复。蜂王浆对实验性动物肝硬化有一定防治作用。

（6）对免疫功能的影响：蜂王浆 500 毫克/千克和 10-羟基-2-癸烯酸(10-HDA) 50 毫克/千克给小鼠灌服 7 天，明显增强小鼠腹腔巨噬细胞吞噬功能。

（7）抗肿瘤及抗辐射作用：蜂王浆及 10-HDA 与小鼠AKR 白血病细胞或其他三种腹水癌悬液混合后，给小鼠接种，明显延长小鼠存活时间。10-HDA 在小鼠辐射前或后喂饲，均有抗辐射损伤作用。照前喂饲可使小鼠肝、肾、脾等组织含氮量提高。

（8）抗病原微生物作用：蜂王浆对金黄色葡萄球菌、链球菌、变形杆菌、伤寒杆菌、星状发薜菌等有抗菌作用。低浓度仅可抑菌，高浓度则可杀菌。蜂王浆抗菌作用在 pH 为 4.5 时最强，pH 为 8.0 时完全消失。蜂王浆对结核杆菌、球虫、利什曼原虫、枯氏锥虫、短膜虫类也有抑制生长的作用。

（9）其他作用：给大鼠灌服蜂王浆 10 天，发现 0.5 毫升/千克剂量可使血红蛋白升高。蜂王浆 1∶20 000的浓度能使离体兔肠有兴奋作用。

54. 蜂王浆为什么能增强大脑功能　蜂王浆增强大脑功能主要有以下几个方面的原因：

（1）食用蜂王浆可以提供大脑的神经胶质细胞合成所需的主要原料，同时也为大脑提供了优质的养分，增强和改善了大脑中神经胶质细胞的数量和质量。

（2）蜂王浆中含有丰富的维生素，特别是 B 族维生素，是大脑的重要营养物质，它能保证高级思维活动的正常运行。

（3）蜂王浆中丰富的乙酰胆碱是增强记忆的重要物质，它可以加强大脑皮质的兴奋，促进大脑的条件反射，加快神经细胞间的信息传递速度，使大脑处于思维活动的最佳状态。

（4）蜂王浆中含有的微量元素——锌对提高思维能力有着直接的关系，特别是能促进儿童和青少年的大脑和智力发育。

55. 蜂王浆为什么能强化性功能　由于蜂王浆中含有一定量的促性腺激素，所以食用后对男性和女性均有提高性欲望和性能力的作用，同时也能对性中枢起积极的作用，防止性器官的衰老并增强其功能。因蜂王浆本来是用来喂养雌性蜂王的，可使蜂王的雌性器官大量产生卵细胞，所以非常适于调节女性的生理机能，在临床上，蜂王浆被用来治疗月经不调、不孕症、妇女更年期综合征、性功能衰退等女性疾病。蜂王浆对男性的性机能也有增强的作用，不仅能提高性欲和性能力，还可提高精子的活力。这是因为蜂王浆中的三磷酸腺苷（ATP）及果糖为提高精子活力提供了最好的能源。蜂王浆对精子的形成和成熟有很强的促进作用。专家指出，1克蜂王浆中雌激素的作用大约等同于0.05毫克雌酮的功能，可见蜂王浆恢复和提高性功能是非常显著的。

56.《中华本草》中确定了蜂王浆的功能与主治是什么
蜂王浆的功能与主治为：滋补、强壮、益肝、健脾。主治病后虚弱、小儿营养不良、老年体衰、白细胞减少症、迁延性及慢性肝炎、十二指肠溃疡、风湿性关节炎、高血压、糖尿病、功能性子宫出血及不孕症，也可作癌症的辅助治疗剂。

57. 蜂王浆在强身健体上的应用有哪些　蜂王浆的神奇功效为其提供了广阔的应用前景。临床上，蜂王浆可用于提高体弱多病者对疾病的抵抗力；用于治疗营养不良和发育迟缓，调节内分泌，治疗月经不调及更年期综合征；作为治疗高血压、高脂血症的辅助用药，防治动脉粥样硬化和冠心病；用于治疗创伤促进术后伤口愈合；作为抗肿瘤辅助用药并用于放疗化疗后改变血象、升高白细胞等。作为功能性保健品，蜂王浆可用于改善人体亚健康状态。它可增进食欲，改善睡眠，使人精力旺盛，活力充沛；用于特种行业，如高、低温作业，可提高人们抵御恶劣环境的能力；用于高辐射条件下的工作人员，可减弱放射性射线对人体造成的伤害；用于超负荷运动项目，可大大增加运动员耐力，迅速恢复体力，提高向极限挑战的能力。

58. 蜂王浆对糖尿病的效果如何　糖尿病是一种代谢性疾病，严重损害患者的身体健康，并能引发多种疾病，可使患者丧失工作能力。现今，由于饮食结构的不合理，糖尿病患者越来越多，给患者本人和家庭带来巨大的痛苦。目前糖尿病还是医学界一个十分棘手的难题，虽然胰岛素和一些降糖的药物可以控制病情，但很难治愈，久服还有副作用。经过临床实践证明，蜂王浆可以调节人体的糖代谢，可以明显地降低血糖，对糖尿病有显著效果，且无任何副作用。

蜂王浆对糖尿病产生效果的机理有以下6点：

（1）蜂王浆中含有丰富的类胰岛素肽类，有调节人体糖代谢的作用。

（2）糖尿病的发生与胰腺细胞受损、功能失调和受体缺陷有关。蜂王浆具有修复受损细胞，使胰腺的β细胞代谢恢复正常，促使胰岛素分泌，达到调节血糖的目的。

（3）蜂王浆中含有丰富的微量元素，其中铬有降血糖的作用；镁参与胰腺β细胞的功能调节，可改善糖代谢指标，降低血管并发症的发生概率；镍是胰岛素的辅酶成分；钙能影响胰岛素的释放；锌能维持胰岛素的结构和功能。

（4）蜂王浆中含有种类丰富的维生素，对脂肪代谢和糖代谢起到平衡作用，特别是蜂王浆中含有的乙酰胆碱，具有明显的降血压和降血糖的作用。

（5）现代研究表明，糖尿病患者因缺乏胰岛素，而使体内蛋白质代谢紊乱。而蜂王浆有调节蛋白合成的作用，因此对糖尿病患者的症状有缓解和减轻作用。

（6）蜂王浆对骨髓、胸腺、脾脏、淋巴组织等免疫器官和整个免疫系统产生有益的影响，能激发免疫细胞的活力，调节免疫功能，刺激抗体的产生，增强身体的免疫力，对糖尿病和其并发症有很好的疗效。

59. 蜂王浆为什么是运动员的理想营养品　蜂王浆被医学和营养界公认为天然高级营养滋补品，对运动员来说是一种功效卓著的体力增强剂。美国有一种为举重运动员、角力士和田径运动员办的体育杂志叫《肌肉的力量》，在1958年4月的一期上就有一篇文章专门论述蜂王浆对运动员的作用，并明确指出蜂王浆能防止身体的退化，使中老年人"返老还童"。因为它能增强活力，使头脑稳定，恢复关节弹性，因此，蜂王浆是美国运动员的重要营养补充剂。加拿大多伦多体育学会同意把蜂王浆当作营养品给运动员食用。当时，大多数运动员在墨尔本奥运会比赛时及训练中已经使用蜂王浆。科学研究和分析表明：蜂王浆含有磷酸化合物（1克蜂王浆含2～7毫克），其中1～3毫克是能量代谢不可少的三磷酸腺苷（ATP）。举重运动员能在瞬间把几百千克的杠铃举起，主要是它的作用。兔子能快速奔跑也是因为兔子腿部肌肉中ATP含量很高。此外蜂王浆中的游离脂肪酸、类固醇素及多种常量、微量元素等，不仅能补充人体必需的营养成分，还能调节生理机能和机体新陈代谢，改善心肺功能和增强免疫功能。实践证明，蜂王浆是体力极度消耗后的最好强力补充剂，并能增强运动员的体力和耐力，使之保持良好的竞技状态，因而成为运动员的理想营养品。

60. 蜂王浆为什么需要保鲜　蜂王浆的珍贵之处不仅在于其营养成分十分全面，更在于蜂王浆中含有的、迄今为止尚未人所尽知的、发挥着神奇功效的生物活性物质。这些生物活性物质在常温和阳光照射条件下极易遭到破坏和损坏，因此为了保持这些生物活性物质的稳定性，保持蜂王浆的功效，就需要采用必要的保鲜方法进行保鲜，常用的方法就是低温冷冻。

61. 储存蜂王浆要求什么条件　蜂王浆中含有丰富的生物活性物质，保存不当，容易腐败变质，以至失去使用价值。根据蜂王浆的"七怕"特点，在储存过程中要多方面加以注意。尽管蜂王浆有很强的抑菌能力，然而对酵母菌的抑制作用较低，在阳光照射、气温较高的条件下，经过几十个小时就会发酵出现气泡。

　　盛装蜂王浆的容器不宜透明，也不可用铁、铝、铜等金属容器，以乳白色、无毒塑料瓶或棕色玻璃瓶为宜，使用前要洗净、消毒、晾干。容器可以装满，尽量不留空余，拧紧瓶盖，外用蜂蜡密封，减少与空气接触，避免产生氧化反应。特别是蜂王浆要求在低温条件下储存，储存温度$-7\sim-5℃$为宜。实践证明，在这样的温度下，存放一年，其成分变化甚微，在$-18℃$的条件下可存放数年，不会变质。

62. 蜂王浆在加工和储存过程中如何保鲜

（1）要尽量使新鲜蜂王浆保存在低温环境中，一般认为，$-7\sim-5℃$可较长时期储存，不变质。

（2）尽量避免蜂王浆长时间暴露于空气中，盛放蜂王浆的容器要装满封严，因为蜂王浆极易被空气中的氧气氧化变质。

（3）尽量减少微生物污染的机会，保持生产、加工和储存蜂王浆用的器具和环境整洁，与蜂王浆直接接触的器具在使用前最好用75％的酒精消毒，对生产、加工蜂王浆人员的卫生要严格要求。

（4）尽量避免阳光照射，防止光照破坏蜂王浆质量。

（5）一定要避免使用金属器具存放蜂王浆，防止蜂王浆中酸性物质被金属腐蚀，使蜂王浆变质。

63. 食用蜂王浆应注意什么问题

（1）食用时注意蜂王浆的质量和剂量，如王浆酒、王浆蜜等，食用前一定要搅拌均匀，保证每次食用到充分的量（保健量为每次纯蜂王浆3～5克，治疗量为每次20克以上，因病酌情增减）。

（2）绝对避免用开水冲服或配兑，谨防高温破坏蜂王浆的活性物质而影响功效，用水冲服时，可用温、凉开水或矿泉水。

（3）储存或食用时，不要用金属（不锈钢除外）器具，可选用陶瓷、搪瓷、玻璃、无毒塑料或木质器具，严防造成不良反应或污染。

（4）食用蜂王浆贵在坚持，一定要根据治疗和保健的需要坚持天天食用，时间和剂量上都要保证，这样才能获得理想的效果。

64. 什么人不宜食用蜂王浆　蜂王浆可以促进机体生长发育，但在生长发育正常情况下的儿童及青少年没必要食用蜂王浆。此外，极个别人对蜂王浆有过敏反应，多表现为哮喘和荨麻疹等症状，如有发生应立即停止食用。

65. 蜂王浆食用方法简便吗　鲜蜂王浆可以直接食用，通常主要是用蜂蜜配制（充分混合均匀后食用），也可直接口含鲜王浆或王浆片，而王浆冻干粉，用温开水冲服即可，且用量较少。王浆冻干片、王浆冻干粉、王浆硬胶囊、王浆软胶囊等王浆产品，便于携带和存放，纵然出差在外也方便食用，故有治疗及食用方法简便的特点。

66. 蜂王浆治疗疾病有无痛苦　用中药治病，不仅要煎熬，而且苦口难咽；西药治疗往往又有注射、手术之痛苦；而蜂王浆虽有酸、涩、辛辣味，但配上蜂蜜后，味道大大改变，如同吃甜食一般，老人、孩子都愿意食用，毫无痛苦。

67. 购买蜂王浆的费用是高还是低　目前医疗费用昂贵，特别是一些新药和名贵药更是贵得惊人，部分患者难以承受。而食用蜂王浆 1 千克才 400～600 元，可以食用 1～2 个月。与住院治疗比起来不知要便宜多少，广大病人都可以承受。保健食用以每天 10 克计算，也就是 4～6 元，甚至低于一支名烟的价钱，所以说食用蜂王浆的费用是很低的。

68. 用蜂王浆预防疾病有什么优越性

第一，现代医学模式发生了很大的变化，过去传统的单纯治病的医学模式在向预防、治疗、康复三者相统一的医学模式转变。现在人们已不再满足于有病才治，而更关心的是无病防病，蜂王浆正好具有预防、治疗、康复的综合功能，这一优越性是很难得的。

第二，药物治疗的弊端越来越大，特别是化学药物对人体或多或少都存在着一些副作用或毒性。而蜂王浆是天然营养滋补品，对人体健康有益无害，用于治疗时不仅对很多疾病有奇特的疗效，而且非常安全。

第三，药物的价格昂贵，特别是一些新药和名贵药，而蜂王浆的价格相对便宜，费用较低。

第四，使用药物治疗时，禁忌较多，有的病人服药后反应强烈。而使用蜂王浆则无禁忌，病人服之也无不适反应。

第五，药物治疗必须到医院经检查后才能确定用何种药物，不少药物的治疗方法也比较繁杂。而用蜂王浆防病治病的方法简便，易于普及，特别适合在广大农村和家庭实施，能适应医疗社会化和家庭化的趋势。

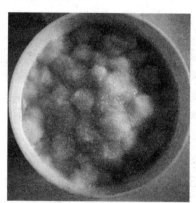

图 5-1　冷冻蜂王浆